我有一双探索的眼睛,
可以发现自然的神奇之处!

U0380986

自然观察笔记

ZIRAN GUANCHA BIJI 125 Li

125例

培养板报小能手

首都绿化委员会办公室 主办
北京市野生动物救护中心 组编

中国农业出版社

北 京

图书在版编目（CIP）数据

自然观察笔记125例：培养板报小能手 / 首都绿化
委员会办公室主办；北京市野生动物救护中心组编 . --
北京：中国农业出版社，2019.9（2021.11 重印）
　ISBN 978-7-109-25411-4

　Ⅰ．①自… Ⅱ．①首… ②北… Ⅲ．①野生动物－青
少年读物②野生植物－青少年读物Ⅳ．① Q95-49
② Q94-49

中国版本图书馆 CIP 数据核字 (2019) 第 065788 号

中国农业出版社
地址：北京市朝阳区麦子店街 18 号楼
邮编：100125
责任编辑：郑　君
封面设计：田　雨　　版式设计：韩小丽
责任校对：周丽芳　责任印制：王　宏
印刷：北京缤索印刷有限公司印刷
版次：2019 年 9 月第 1 版
印次：2021 年 11 月北京第 2 次印刷
发行：新华书店北京发行所
开本：889mm×1194mm 1/16
印张：9.75
字数：235 千字
定价：78.00 元

版权所有·侵权必究
凡购买本社图书，如有印装质量问题，我社负责调换。
服务电话：010-59195115　010-59194918

编委会

主　任

廉国钊

副主任

刘　强

主　编

刘丽莉　杜连海

执行主编

纪建伟　胡　淼　孟繁博　史　洋

参　编

（按姓名笔画排序）：

王秀宇　王伯君　王　康　王　磊　左小珊　龙　磊　田学民　田恒玖　田　颖

冯　昊　伦明宇　刘春燕　刘萍萍　刘鹏进　齐小兵　闫　娟　李　杰　杨　天

肖　欣　吴梦薇　何　晨　宋效娜　张亚琼　陈红岩　罗春宇　岳　颖　赵思琪

胡冀宁　郭芳芳　黄　丞　梁　莹　奥丹珠拉　蔺　艳　颜　素　魏　瑶

序

用纯净的眼睛抚摸奇妙的自然

这是一片绿色，是一簇生命，是一派童真……

孩子的心灵是干净的，眼睛是纯净的，自然是不假修饰的。翻阅《自然观察笔记125例》，仿佛进入了鸟的天堂、花的海洋、虫的世界、树的王国……

今年是"爱绿一起"首都市民生态体验活动开展的第三年。《自然观察笔记125例》记录了孩子们参与生态体验活动时对话大自然的欣喜和激动，他们观察仔细、描画认真、引述准确。

大自然是人类的老师，她不仅教给了人类仿生的本领，更教给了人类"感时花溅泪、恨别鸟惊心"的情感，同时也教给了人类和谐相处包容尊重的道理。自然就是生命，越是了解大自然，就越会热爱、理解、敬畏生命。

著名作家王蒙曾说过，没有亲近过泥土的童年不是完整的童年。读着书中本真的文字、干净的图画，真切地感到该书的编纂者做了件意义重大的事：让孩子们亲近泥土、在自然中成长，让孩子们懂得我们生存的地球是如此美丽、如此多样、如此丰富，进而知道怎样去爱护她、建设她。

具体到我们生活的北京，一面是故宫、长城等辉煌的人文遗存，一面是山川河流自然赋予的上千种植物、500余种野生动物。爱家乡就是爱家乡的一砖一瓦、一草一木，当绿色发展、生态文明成为我们国家走向未来的底色，望得见山、看得见水、记得住乡愁，就成了所有人的理想。

还要说的是，出版这本书还有一层意义：兴趣引导。这些孩子中，没准儿会成长出达尔文、法布尔、牛顿……其实许多名人都是从和大自然对话开始的人生，鲁迅的百草园、杨振宁的清华园、卢梭的胡桃树、法布尔屋后的树林、牛顿的苹果树……一个小院、一个楼宇间的口袋公园、一块小区里的绿地都是一个小小的自然世界。由天然的兴趣孜孜求知，以自身的实践融入思考，或能成就一个伟大的人生。当然，不可能人人成为科学家，但人人可以成为大自然的探索者和守护者。

让生态文明的理念渗透到每一个家庭，是"爱绿一起"的初衷。在孩子心中播撒人与自然和谐相处的种子，正是《自然观察笔记125例》出版的意义。

2019 年 8 月

编者说明

自然笔记，简而言之，就是通过笔记的形式记录大自然。一棵树，一株花，一只鸟，一片羽毛，任何大自然中的事物或者现象都可以被记录。笔记的形式也可以多种多样，文字、绘画、摄影等。它类似日记，但并不是简单的观察记录，还需要加入自己的思考和发现，重要的部分在于作者是否认真观察过自然中的事物，对它们是否有自己独特的感悟。做自然笔记有助于提高我们的观察和思考能力，养成严谨、踏实、认真的科学精神。

中小学生是祖国的未来，我们也致力于在中小学生中播撒"关爱野生动植物"的种子。为此，特举办"2018·爱绿一起 自然笔记征集活动"，活动由首都绿化委员会办公室主办，北京野生动物保护协会、北京市野生动物救护中心、北京市宣武青少年科学技术馆、北京市园林绿化宣传中心、《绿化与生活》杂志社承办，30家首都生态文明宣传教育基地以及19家北京市未成年人生态道德教育示范校协办，以"关爱野生动植物、营造美丽家园"为主题。

此次活动面向北京市各中小学校在校学生征集作品，要求观察大自然里的野生动植物，用图文并茂的方式记录在稿纸上，用文字和绘画/摄影/实物等形式记录自己观察到的野生动植物、写下自己的所思所悟，绘画不限画种。活动目的是为了让更多中小学生走进自然观察野生动植物，以了解当前野生动植物的生存现状，学习野生动植物知识，参与野生动植物保护。通过参与活动，也培养了中小学生的科学探究精神，发展青少年的创新思维。

本书选刊了部分征集到的作品供读者赏析，通过这些作品我们可以看到这些孩子们所观察和感悟到的大自然，蒲公英的成长、蝉的蜕变、蝴蝶的飞舞、麻雀的欢呼、松鼠的播种，种种皆是。

为了丰富本书内容，提高科普价值，特邀请相关专家对部分所涉及的动植物物种进行了科普说明，以帮助读者深入了解；同时，为了保持作品原貌，我们对收录作品中的瑕疵未进行过度处理。

希望本书可以勾起您进行自然笔记创作的兴趣，或者就如何做自然笔记对您有所指导。我们也将继续组织自然笔记征集活动，也会开展观鸟等自然体验，以丰富多彩的活动内容在中小学生中普及野生动植物保护知识。

在此特别感谢张瑜、孙英宝、翁哲、武其四位老师在活动举办之初给予的指导。感谢周娜、明冠华、徐亮、孙英宝、李广旺、常红、王韧七位老师作为活动评审专家做出的努力。感谢史洋、张永、宋会强三位老师提供的精彩图片。

自然笔记创作原则

　　广义的自然笔记并没有绝对的定义和严格的界限，简单说来就是我们对大自然的某种记录，不受记录载体和观察对象的限制。你可以捡拾和收集标本，也可以用纸笔书写和绘画，当然借助现代化的机器去拍摄和录音也是十分有效快捷的办法；你可以记录一株植物，一只小鸟，一截树干上各种各样的虫子，可以记录风云、记录潮汐，记录你闻到第一场雨混入泥土时的心情。自然笔记对记录者的年龄、阅历、知识水平、表达技巧等条件也没有任何要求，只要你真心、友好地热爱大自然，那她就欢迎你。自然界中有任何让我们觉得美好和新奇的事物，哪怕是平凡的小草小虫，只要它能打动我们，引发我们的好奇心，我们都可以自由地观察并记录下来。自然笔记没有严格的评价和执行标准，它甚至是非常主观和个性化的，如果不考虑特定目的，只是为了自得其乐，那么你的自然笔记可以无拘无束，随心所欲，它是属于你自己的自然体验。

　　自然笔记的创作重点在于观察和记录大自然，目的是让人们能够走进自然，热爱自然，享受自然，所以它并不追求在表现形式上有高超的技艺，也就是说，只要你认真体验、观察并且用适当的手段记录下来就是合格的自然笔记。这不需要你是一个摄影高手或者具备娴熟绘画技巧，甚至可以这样说，一幅好的美术作品未必就是好的自然笔记。另一方面，只要投入真情实感，认真观察，诚实记录，而哪怕作品笔迹潦草，画面稚拙，那么都有可能成为一个优秀的自然笔记。

　　自然笔记是我们亲近大自然和记录大自然的一种方式，很多城市里长大的孩子表达出对荒原山野的渴望，对田园乡土的向往，抱怨自己生活在水泥丛林中，四体不勤，五谷不分，更难得一见花鸟鱼虫。但真的是这样吗？大自然莫非真的

只存在于比远方更远的草原深处和人迹罕

至的高山之巅？当然不是，大自然是最

慷慨最包容的朋友，只要你愿意加入她，

你就会知道她一直有多亲近我们，欢迎我

们。你需要做的，只是找到它们。无需远行，

我们身边的小区、校园、街道、公园都是发现自

然的好去处。仅仅在北京城区，我们能够看到的野生鸟

类就超过 100 种，昆虫、植物更是数不胜数，其数量足够我们完成一整年的自然笔记。

你也许会说鸟类活泼好动，生性敏感，本来就难以发现和找到它们，发现了也难以持续记录，更不要说为它画上一幅肖像。其实，只要我们足够耐心，足够安静，你就会发现，小动物似乎也没有那么害怕我们，甚至很有可能在我们面前来上一段精彩表演。即使我们不能让小鸟安静下来做我们的模特，但是我们仍然能够有办法记录它——我们就记录它是如何活动的，没办法详细描摹它的形象，那就用简单的线条和趋势来记述它的行为。观察它哪里取食、吃些什么，喜欢待在草地上还是树枝上，飞行时是扇动翅膀还是展翅翱翔，在树上还是房檐下面筑巢……这些都是非常有趣的观察角度。

如果你觉得观察一只鸟实在不那么容易，那么活动相对缓慢的昆虫将是非常好的观察对象，再不行，安静友好的植物总可以让你好好地观察一番。你的目光追不上一只好动的喜鹊，那你可以看看路边刚刚发芽的柳树，树干上也可能会有刚刚出蛰的昆虫。所以说，只要我们肯走出门去，有一颗想要认识和发现自然的心，自然一定会用她的方法迎接你，你也可以找到适合自己的自然之友。

而当我们用自然笔记作为一种研究方法、教学手段、主题创作或者其他具体的目的时，那么我们也许就需要限定诸如记录主体、创作媒介以及记录对象等要素。

以"2018·爱绿一起 自然笔记征集活动"为例，我们限定的作品征集对象为北京市各中小学校在校生和自然、美术教育机构的 6～15 岁青少年；表现形式为在 A4 大小的纸张上用绘画、摄影、自然收集物加文字描述的方法加以展示。另外，由于本次活动的主题是"关爱野生动植物，营造美丽家园"，因此创作对象设定为大自然中的野生动植物。

自然笔记范例

① 绘画 + 文字

② 摄影 + 文字

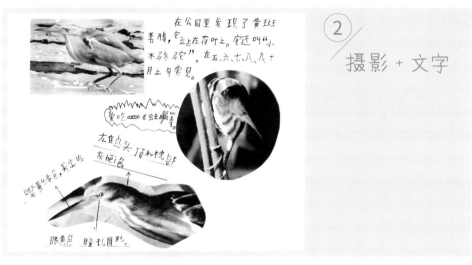

③ 实物 + 文字

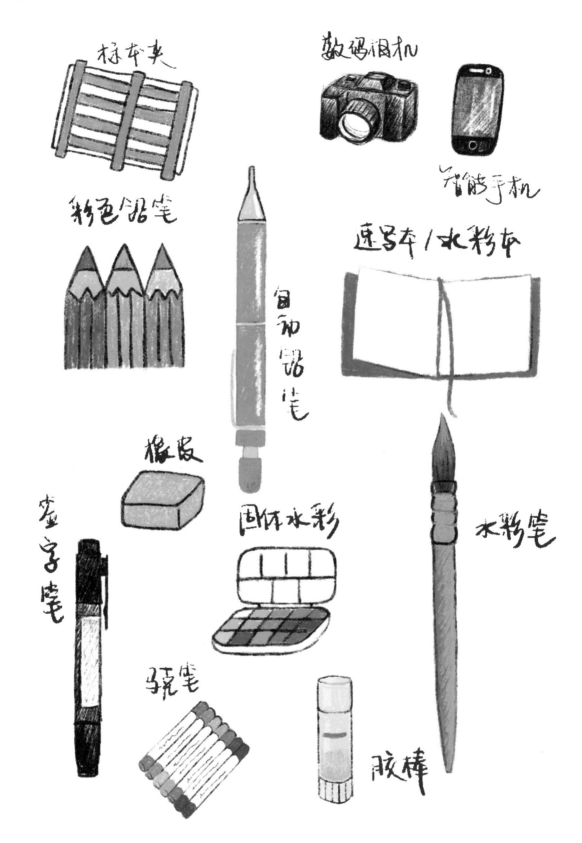

标本夹

数码相机

智能手机

彩色铅笔

自动铅笔

速写本 / 水彩本

橡皮

固体水彩

水彩笔

签字笔

蜡笔

胶棒

目 录

动物类

救助蓝歌鸲 | 刘雨田

■ 1-3 年级组 ★★★★★

北京可见

蓝歌鸲（qú），小型鸣禽，雄鸟背羽及飞羽均呈蓝色，尾羽蓝色更鲜亮，雌鸟背羽橄榄褐色，春秋季迁徙途经北京，性情胆怯，常在灌丛间活动、觅食。作品中的为蓝歌鸲雌鸟。城市建筑中的玻璃幕墙因能反射环境光，会引发鸟类误撞的情况。

蓝歌鸲数量较少，城区天坛、圆明园等公园可见，经常在低矮灌丛中活动。

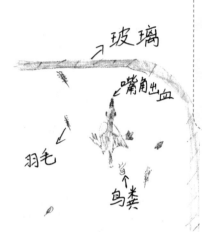

玻璃

嘴角出血

羽毛

鸟粪

1. 发现受伤的鸟

在我家楼下的玻璃门厅，我看见一只小鸟躲在角落里。地上有一些散落的羽毛和鸟的粪便。小鸟

眼外侧有一圈白

深色

全身橄榄褐色

腹部黄白色鳞片状羽毛

←肉色

身高约7cm
身长约10cm

的嘴角还出了一点血。我想它是撞在玻璃上受伤了。

2. 救助蓝歌鸲

我把它救回了家，放在纸盒里，还给它水和食物，仔细观察它。小鸟全身橄榄褐色，深色的嘴，又萌又大的眼睛，

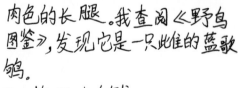

肉色的长腿。我查阅《野鸟图鉴》，发现它是一只雌性的蓝歌鸲。

3、放飞大自然

一小时后，我看小鸟体力恢复了，就在附近把它放生了。

我感到很开心。因为小鸟是人类的朋友，人人都应该

保护它。后来，我知道蓝歌鸲属于钱国受保护的野生动物。

我的观鸟笔记 | 邵泊雅

时间：2018年7月11日
地点：野鸭湖湿地公园

今天，在老师的带领下我们来到了野鸭湖湿地公园，看到了许多可爱的小鸟，有在芦苇丛里的棕头鸦雀，有在湿地里大踏步的黑翅长脚鹬，有在水里嬉戏的绿头鸭，有在水里发呆的大白鹭，有站在草坪上晒太阳的灰斑鸠……好开心了！

　　野鸭湖为典型的湿地生态系统，北京唯一的湿地鸟类自然保护区，是重要的鸟类栖息地，也是国际鸟类迁徙路线东亚—澳大利亚路线的中转驿站，每年的迁徙季节，有众多的鸟类在此停歇，其中雁、鸭的种类和数量最多，野鸭湖由此而得名。到目前已经记录到鸟类 303 种（其中国家一级保护鸟类 10 种，国家二级保护鸟类 43 种）。

　　野鸭湖一年四季均可观鸟，春秋季节有雁鸭类和鸻（héng）鹬（yù）类等迁徙鸟类，夏季有鹭类、黑翅长脚鹬和凤头麦鸡等繁殖鸟类，冬季有灰鹤、大鸨（bǎo）、白尾海雕等越冬鸟类，还有常年居住于此的啄木鸟、斑鸠和雉（zhì）鸡等鸟类。

翠鸟 | 邱若涵

　　普通翠鸟为小型攀禽。上体金属浅蓝绿色，体羽艳丽而具光辉，头顶布满暗蓝绿色和艳翠蓝色细斑。眼下和耳后颈侧白色，体背灰翠蓝色，肩和翅暗绿蓝色，翅上杂有翠蓝色斑。喉部白色，胸部以下呈鲜明的栗棕色。主要栖息于溪流、水库、水塘，甚至水田岸边。一般多停息在河边小树枝上，注视水面，发现水中鱼虾，立即以极为迅速而凶猛的姿势扎入水中用嘴捕捉。

　　北京羽色最艳丽的鸟儿之一，各大公园水面春夏秋季均可见。

见到时的情景

很开心能见到这种翠鸟，我看到它正停在岩石上吃小鱼呢！旁边是清澈见底的小湖泊，那里人很少，我看到它立刻用相机拍了下来，它的羽毛非常漂亮！

随着工业化进程的不断加快，水污染问题加重，和空气污染，翠鸟不能在这里生存，所以很少能看见，我们要保护好它们，不要再污染水和空气了，给它们制造一个美丽的家园！

翠鸟

翠鸟，长约15厘米，头大。头顶羽毛自额至枕蓝黑色，夹杂翠蓝横斑，身体小，背部呈翠蓝色，嘴壳硬，嘴长而强直，有角棱，末端尖锐。

繁殖方式

它们的卵直接产在巢穴地上。每窝产卵6-7枚，卵色纯白，辉亮，稍具斑点，大小约28毫米×18毫米，每年1-2窝；孵化期21天，雌雄共同孵卵，但只由雌鸟喂雏。

生活习性

食物以鱼类为主，兼吃甲壳类和多种水生昆虫。共15种，48个亚种。中国有3种：斑头翠鸟、蓝耳翠鸟。最后一种常见普通翠鸟。

朱鹮 | 李鲁豫

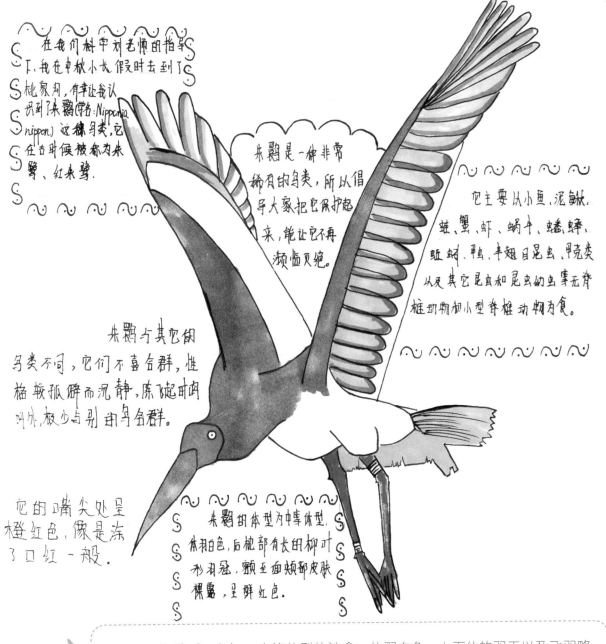

在我们科学刘老师的指导下，我在中秋小长假时去到了桃家河，有幸让我认识到了朱鹮(学名：Nipponia nippon) 这种鸟类，它在古时候被称为朱鹭、红朱鹭。

朱鹮是一种非常稀有的鸟类，所以倡导大家把它保护起来，能让它不再濒临灭绝。

它主要以小鱼、泥鳅、蛙、蟹、虾、蜗牛、蟋蟀、甲虫、鸭、半翅目昆虫、鞘翅类以及其它昆虫和昆虫的幼虫等无脊椎动物和小型脊椎动物为食。

朱鹮与其它的鸟类不同，它们不喜合群，性格较孤僻而沉静，除飞徙时外，极少与别的鸟合群。

它的嘴尖处呈橙红色，像是涂了口红一般。

朱鹮的体型为中等体型，体羽白色，后枕部有长的柳叶形羽冠，额至面颊部皮肤裸露，呈鲜红色。

朱鹮（huán），中等体型的涉禽。体羽白色，上下体的羽干以及飞羽略有淡淡的粉红色，后枕部有长的柳叶形羽冠，额至面颊部皮肤裸露，呈鲜红色。栖息于温带湿地、沼泽和水田，多以水生生物为食。朱鹮为东亚特有种，曾广泛分布于中国东部、日本、俄罗斯、朝鲜等地，由于环境恶化等因素导致种群数量急剧下降，目前已得到了全面保育。
野外种群主要分布于陕西洋县及周边山区。

红嘴相思鸟

郭紫霓

■ 4-6 年级组 ★★★★★♪

▶ 动物类◎鸟类

中文学名:
红嘴相思鸟
拉丁学名:
Leiothrix lutea
别称: 相思鸟, 红嘴玉,
五彩相思鸟, 红嘴鸟.
界: 鸟1类
动物界
门:
脊索动物门
体长: 13~16cm

暑假期间, 我和爸爸妈妈去爬山, 路上看见了4只红嘴相思鸟. 由于脚步声太大, 吓走了3只, 还剩下一只. 这种鸟很漂亮, 一般生活在高山上的密林中. 这种鸟因大量捕捉, 所以平常很少见.
请大家保护红嘴相思鸟!

爱吃毛虫.
蚂蚁、甲虫.

红嘴

毛虫

红嘴相思鸟

尾部黑色
呈剪刀状.

腹部为黄色

一般在山上密林中.

红嘴相思鸟为小型鸣禽, 嘴赤红色, 上体暗灰绿色, 眼先、眼周淡黄色, 耳羽浅灰色或橄榄灰色。两翅具黄色和红色翅斑, 尾叉状、黑色, 颏、喉黄色, 胸橙黄色。由于其颜色艳丽, 叫声欢快动听, 成为世界著名笼养观赏鸟之一。由于捕捉使种群数量显著减少, 应注意保护。

主要分布于我国南方各省份, 北京地区偶见, 应该是人工养殖逃逸的个体。

北京可见

树林里的精灵 丁奕珊

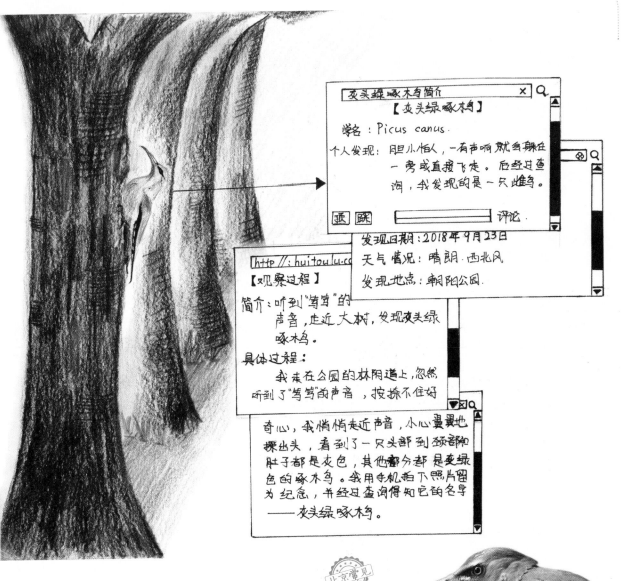

■ 7-9 年级组 ★★★★★✦

灰头绿啄木鸟简介 ✕ 🔍
【灰头绿啄木鸟】
学名：Picus canus.
个人发现：胆小怕人，一有声响就急躲在一旁或直接飞走。后经过查询，我发现的是一只雌鸟。
▓▓ ▓▓ [▁▁▁▁▁▁▁▁] 评论

发现日期：2018年9月23日
天气情况：晴朗·西北风
发现地点：朝阳公园.

http://: huitoulu.cc
【观察过程】
简介：听到"笃笃"的声音，走近大树，发现灰头绿啄木鸟。
具体过程：
我来在公园的林阴道上，忽然听到了"笃笃"的声音，按捺不住好奇心，我悄悄走近声音，小心翼翼地探出头，看到了一只头部到颈部和肚子都是灰色，其他部分都是变绿色的啄木鸟。我用手机拍下照片留为纪念，并经过查询得知它的名字——灰头绿啄木鸟。

北京常见

灰头绿啄木鸟为中等体型的啄木鸟。身体上部绿色，下部灰色，雄鸟头顶红色，雌鸟头顶无红色。主要栖息于林缘地带，也常在村庄、公园附近的树林内活动。觅食时常由树干基部螺旋上攀，搜寻并啄食树皮下或蛀食到树干木质部里的害虫。

灰头绿啄木鸟是北京地区最大的啄木鸟之一，北京各公园绿地都能看到，尤其是春季繁殖求偶时，成群活动追逐打闹，常发出尖利的鸣叫声。

太平鸟 | 齐瑞格

▶ 动物类 ◎ 鸟类

寒冬腊月的一天，我听别人说，农展馆是鸟儿的乐园。于是我怀着兴奋的心情，和爸爸妈妈一起来到了农展馆。

像纹了黑色的眼线

翅膀的花纹有红色哦！

尾羽尖部是红的

穿过农展馆的大楼，我们来到了一片结冰的湖面，四周有许多高大的银杏树和金银木，看到了很多扛着相机的拍鸟爱好者，原来这里就是鸟儿的乐园。

我们沿岸寻觅，看到头顶银杏树上的小太平鸟时而成群结队地在"说悄悄话"时而集体飞到湖面上喝水而我们则静静地欣赏着它们的美。

冰面！它们站在上面喝水不怕冷哦！每半小时飞下来喝一次

看着这样和谐的画面，我从心里特别高兴。我希望为能够保护自然环境做出自己的一份贡献。

小太平鸟，为太平鸟科的鸟类，体长约16厘米，因尾端有明显的绯红色斑而被称为"十二红"。小太平鸟为北京地区著名的冬候鸟，冬季常成小群在灌丛、树林间活动，取食金银木、海棠等植物果实。

冬季在北京城区各大公园之间集大群游荡。

8

身边的它们 | 陈子桢

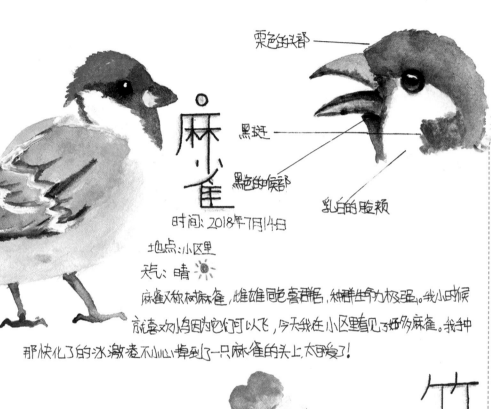

栗色的头部

黑斑

黑色的喉部

乳白的脸颊

麻雀

时间：2018年7月14日

地点：小区里

天气：晴 ☀

麻雀又称树麻雀，雌雄同色喜群居，种群生命力极强。我小时候就喜欢鸟因为它们可以飞，今天我在小区里看见了好多麻雀。我种那快化了的冰激凌不小心掉到了一只麻雀的头上，太可爱了！

（树）麻雀是北京最常见的鸟类了，每年春季到秋季繁殖3～5窝，冬天集群越冬。

作品中的竹叶草也称鸭跖（zhí）草，除作为优良的园林绿化植物，还是一种极富前景的土壤修复植物。鸭跖草繁殖能力强，生长迅速，根系能吸收大量的铜、镉、铀等重金属元素，将其种植在矿山、工厂废弃地、废水污染地，可以修复土壤，保护环境。

蓝紫色花瓣片

花蕊

半透明花瓣片

竹叶草

竹叶草又称翠蝴蝶、碧蝉花、鸭跖草。花期一般在6月至8月。

一直喜欢竹叶草的我发现，人们都觉得竹叶草像一只蓝紫色的蝴蝶。我看更像一只老鼠。

北京常见

2018年9月22日上午7时：今天跟随许多观鸟爱好者来到奥森公园观察常驻于这里的30多种鸟类。可惜由于风较大，只看到28种（还有几种只闻其声不见其鸟）。不过对我而言这可以说是受益匪浅了。

记录了主要观察到的3种：苍鹭、小䴙䴘，棕头鸦雀

苍鹭———
地点：奥林匹克森林公园.

站立的苍鹭

2018.9.22. 天气晴 上午8时左右
这是我们在水边看到的苍鹭。苍鹭通常就"站"在围网上，待看到水中鱼后，迅速地伸颈啄住小鱼。一位经常观鸟的叔叔说，苍鹭飞时是缩着脖子飞，而腿则是伸长的。我特别注意了一下，果然如此。

飞翔的苍鹭

小䴙䴘

2018年9月22日 上午8时左右 天气晴
这是一种红头黑背全褐腹，外观像鸭子的鸟。它的尾羽是白色的。和瞳孔不同的是，它的喙是尖的而且它可以把身子完全扎入水下潜游好几米。它潜水时头先扎进水里，身子一跃，溅起水花，过后又在几米远的地方浮出水面。一位观鸟的叔叔说，红头的大多是成鸟。我还看见一只背羽雪白的、极漂亮的小䴙䴘。䴙䴘游动时也很敏捷，颈向前一探一探地，蹼在身后极快地蹬动着。

棕头鸦雀

2018年9月22日 上午10时左右 天气晴
这是我们在深入苇丛时看到的棕头鸦雀。这种鸟身子圆圆的，尾巴几乎和身子一样长，乍一看和麻雀没什么两样。我们看到了10只左右的棕头鸦雀。它们飞得很快，一会在苇丛里，一会又飞到树上。如果不盯着看，很快就又找不着了。
地点：奥林匹克森林公园

北京常见

苍鹭为大型涉禽，嘴、颈、脚均细长。头顶中央和颈白色，头顶两侧和枕部黑色，前颈中部有 2～3 列纵行黑斑。体羽及两翼灰色，胸、腹白色。常栖息于水边浅水处和沼泽地。常一动不动长时间地站在水边等候捕食过往鱼群，故有"长脖老等"之称。

北京郊区各大河流湖泊均可见，数量较多。

小䴙䴘（pì tī），小型游禽。因腿很靠后，走路不稳，精通游泳和潜水，所以俗称"王八鸭子"。主要分布于水塘、湖泊、沼泽，为常见鸟类。

北京地区水域全年可见，数量较多。

棕头鸦雀为小型鸣禽，头顶至上背部棕红色，上体橄榄褐色，翅红棕色，尾暗褐色。常栖息于水边灌丛及林缘地带，常边飞边叫或边跳边叫，鸣声低沉而急速，较为嘈杂。主要以昆虫为食。为北京地区留鸟。

北京地区有芦苇的公园和湿地较为常见，冬季集群。

雉鸡 | 李梓铭

■ 7-9 年级组 ★★★★★

一 鸟纲雉科动物

地理位置

形象特征

繁殖

分布在中国东部电几个亚科，顶部有白色顶圈，与金属绿色的颈部，形成显著对比。

栖息于低山丘陵、农田、地边、沼泽草地，以及林缘道丛和公路两边的草地中。杂食性，所吃食物随地和季节而不同。分布于欧洲东南部、小亚细亚、中亚、伊朗、蒙古、朝鲜、俄罗斯西伯利亚东南部及藏南北部和缅甸东部。

雌鸟羽色暗淡，大都为褐和棕黄色，而杂以黑迹，尾也较短。

2016、10、3、星期三，在北京、野鸭湖看到了这种喜欢湿地的鸟类"雉鸡"

雉鸡脚强健，善于奔跑，特别是在灌丛中走极快，也善于藏匿。

在迫不得已时才起飞，边飞边发出"咯咯咯"的叫声和两翅"扑扑扑"的鼓动声。

繁殖期3-7月，中国南部略早些。繁殖时会发出叫声，500米外都能听见。
一年一窝，南方可到2窝，每窝产卵6-22枚，一般为多4-8枚。

雄性   雌性
♂   ♀

喜欢单独或成小群活动，栖于不同高度的开阔林地、灌木丛、半荒芜及农耕地。

一雄多雌制。交情时雄鸡跟在雌鸟身旁，边走边洲，有时循跑步靠接近雌鸟头侧时，以特靠近雌鸡一侧翅垂下，另一侧向上伸，尾羽略垂，头部羽毛起。

你们也可以叫我环顶雉、野鸡……
边引是 Linnaeus
在1758年给起的!!

	♂	♀
体重	1264-1650g	880-970g
体长	730-808mm	590-612mm
嘴峰	33-36mm	29-30mm
翅	213-245mm	210-220mm
尾	435-528mm	225-286mm
跗跖	61-79.5mm	57-60mm

♂   ♀
雌雄有区别吗

体形较家鸡略小、但尾巴长很多～
有30个亚科

北京常见

雉鸡，中型陆禽，雄鸟和雌鸟羽色不同，雄鸟羽色华丽，多具金属反光，头顶两侧各具有一束耳羽簇，翅稍短圆；尾羽长，中央尾羽比外侧尾羽长得多，颈部金属绿色常有白色颈圈。雌鸟的羽色暗淡，大都为褐和棕黄色，而杂以黑斑；尾羽也较短。雉鸡分布广泛，亚种甚多，个体大小和羽色变化也较大。

北京城区较大的公园和郊区绿地全年可见，性情胆小，遇到有人接近，经常原地隐藏不动，等到人走到近前才突然惊飞。但是飞不高，也飞不远，一般飞离地面 3～4 米，飞行距离 50～100 米。

斯里兰卡翠鸟 | 陈知非

■ 7-9 年级组 ★★★★★

★ 发现过程 ★

今年暑假，我在斯里兰卡雅拉国家公园第一次见到这个美丽可爱的小动物。

凌晨4点起床，原本不是为了看它的，是为了看罕见的金钱豹，在寻找金钱豹时遇见了许多翠鸟，几乎所有的翠鸟飞的都不高，在等待金钱豹时我还见到了有趣的一幕：一只乌鸦站在野猪身旁，树上的长尾猴和翠鸟睁大眼睛看着它们。

最终，我们没能等到金钱豹，但是认识了这个漂亮的小家伙也让我十分高兴。

在这里，我感到了人与大自然的关系密不可分，人们需要大自然，我们要与大自然和谐共处。

繁殖方式：

· 繁殖期为4至8月
· 繁殖产卵6~8枚，卵色纯白，稍具斑点。
· 孵化期约21天
· 大小约28mm×18mm。
· 每年1~2窝

★蓝耳翠鸟斯里兰卡亚种被列入《世界自然保护联盟2012年濒危物种红色名录ver 3.1——低危。

鸟类档案：

学名：蓝耳翠鸟斯里兰卡亚种。

属：翠鸟科

特点：全长约15cm。头顶和颈部黑色，具有蓝紫色横斑；耳羽蓝紫色；喉部淡棕色；上背暗蓝色，背中部、腰至尾上覆羽辉蓝色。翅上覆羽暗蓝色，有钴蓝色斑点，尾羽暗蓝色。下体栗色。嘴黑色。脚红色。

栖息环境：栖息于林间溪旁树上

食物：以鱼、虾、软体动物、水生昆虫为食。

分布：分布于印度西南部的喀拉拉邦和斯里兰卡。

研究笔记

蓝耳翠鸟斯里兰卡亚种是小型攀禽，头顶和颈黑色，具蓝紫色横斑；耳羽紫蓝色，喉部淡棕色；颈侧各有一黄白色斑点。上体及两翼蓝色，下体栗色，嘴黑色，脚红色。栖息于林间溪旁树上，以鱼、虾、软体动物、水生昆虫为食。本亚种仅分布于印度西南部的喀拉拉邦和斯里兰卡。

欢呼雀跃 | 徐静晖

麻雀简介： 麻雀又被称为北国鸟，也有叫家雀、户巴拉的。最明显的就是麻雀黑色喉咙处，白色的脸颊上有着黑斑。它是中国最常见、分布最也广的鸟类。它是跳着走路的，十分可爱；我还见过它在水坑里洗澡的样子，胖胖的，可萌了！

（树）麻雀是北京最常见的鸟类，每年春季到秋季繁殖3～5窝，冬天集群越冬。

北京常见

我最爱的麻雀

形容麻雀的诗句： 未及鸿鹄志气高，不羡雄鹰云中傲。既是平凡纤巧身，林间院落自逍遥。

我认为麻雀是平实质朴的，它在我们的生活中处处都能见到。每当我看到草坪上蹦蹦跳跳的那灵活的小身影，心情便一下子开心起来！麻雀是我最喜欢的鸟儿。

观察日记 —— 乌鸦 | 李木子

动物类◎鸟类

它的叫声并不好听，但可以听出底气十分足，才得以叫的那么嘹亮

它的眼睛如黑曜石般眼神坚硬，但又带着一丝天真，瞳子十分有光泽。

它站在石头上时不时动动脑袋，样子有趣极了

一瞬间黑色的羽毛在阳光下给人一种黑缎般乌黑发亮的感觉，即使其它鸟儿羽毛再艳丽也不及这"黑缎"丝毫。

羽毛十分有光泽，在阳光下有些黑中带一点点蓝

它的爪子如爪子般紧紧地抓住那块石头，十分稳固

据网上查询，乌鸦吃谷物、浆果、昆虫、腐肉和其它鸟类的蛋。

这大概就是它为什么出现在玉米田的原因了。

乌鸦又叫老鸹，虽然它代表一些不好的事物，但我还是对它有些喜欢，它不像其它鸟有清脆悦耳的歌声，也没有五彩斑斓的羽衣，人们见到它也避之不及。

但正是因为它那份独特，我对它喜爱至极。而且它也是地球上不可缺失的分解者。

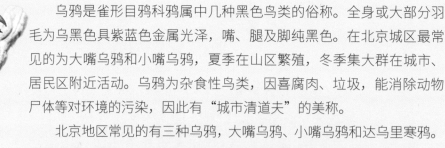

乌鸦是雀形目鸦科鸦属中几种黑色鸟类的俗称。全身或大部分羽毛为乌黑色具紫蓝色金属光泽，嘴、腿及脚纯黑色。在北京城区最常见的为大嘴乌鸦和小嘴乌鸦，夏季在山区繁殖，冬季集大群在城市、居民区附近活动。乌鸦为杂食性鸟类，因喜腐肉、垃圾，能消除动物尸体等对环境的污染，因此有"城市清道夫"的美称。

北京地区常见的有三种乌鸦，大嘴乌鸦、小嘴乌鸦和达乌里寒鸦。大嘴乌鸦一般在山区较为常见，小嘴乌鸦和达乌里寒鸦市区常见，尤其是冬季，成群的小嘴乌鸦在长安街周围集群栖息过夜，达乌里寒鸦主要在西三环附近集群栖息过夜。

北京遇见

我的小麻雀朋友 | 邓雨涵

麻雀是文鸟科麻雀属小型鸟类的统称。在北京地区常见为树麻雀，山区还分布有山麻雀。树麻雀为著名的伴人鸟类，为留鸟，经常能看到成群的树麻雀在居民区附近生活，杂食性。其额、头顶至后颈栗褐色，头侧白色，耳部有一黑斑，在白色的头侧极为醒目。

（树）麻雀是北京最常见的鸟类了，每年春季到秋季繁殖 3～5 窝，冬天集群越冬。

北京常见

喜欢群居，杂食性，爱吃种子。

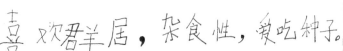

每天早晨，小区门口的井盖上会来许多可爱的小麻雀，有一只胖胖的小麻雀还不会自己吃东西，喳喳的叫鸟妈妈喂它。我给它们带了小米，小胖鸟高兴地在我面前蹦蹦跳跳它一定也很喜欢我。

顶冠
耳羽
背
嘴
翼
脸
尾

雨燕 | 白筷雨

动物类◎鸟类

北京雨燕是普通楼燕（*Apus apus*）的亚种，喜欢在古建筑里筑巢繁衍。1870 年，英国博物学家斯温侯（R.Swinhoe）首次在北京采集到普通楼燕（pekinensis）亚种标本，自此北京雨燕定名为 *Apus apus pekinensis*。全世界以"北京"为模式产地的野生物种非常少，因此，北京雨燕属于北京的标志性物种。

每年 4～7 月，在北京城区高大建筑物上筑巢繁殖，每天傍晚会集大群在空中穿梭飞行鸣叫。

北京常见

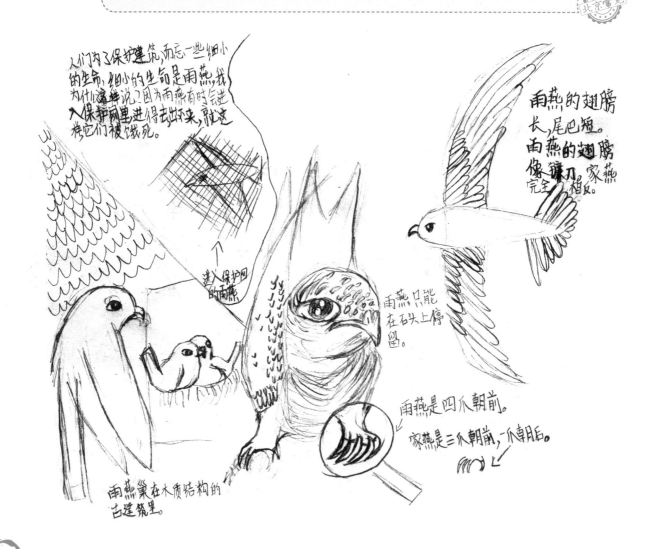

人们为了保护建筑，而忘一些细小的生命，细小的生命是雨燕，我为什么这样说？因为雨燕有时会进入保护网里进得去出不来，就这样它们被饿死。

进入保护网的雨燕

雨燕的翅膀长，尾巴短。雨燕的翅膀像镰刀，家燕完全相反。

雨燕只能在石头上停留。

雨燕是四爪朝前。家燕是三爪朝前，一爪朝后。

雨燕巢在木质结构的古建筑里。

震旦鸦雀 | 王艺嘉

■ 1-3 年级组 ★★★★☆

★ 每年4~5月份,震旦鸦雀就陆续脱离群体,告别飘泊不定的游荡生活,开始寻觅配偶成家立业生儿育女。它们的"蜜月"相当长,从4月下旬一直到10月份,持续近6个月在繁殖初期,常能看见单个或成对的震旦鸦雀在芦苇丛中嬉戏、觅食、找配偶、建新家。

经常在芦苇丛里跳来跳去飞行能力很差,必须依lài芦苇荡自然环jìng生存。

震旦→中国

震旦鸦雀叫声弓促ér连guǎn非常好听

体长20厘米 体zhòng 18~48克

震旦鸦雀,小型鸣禽。震旦鸦雀最明显的特征是黄色带很大的嘴钩的嘴,具有一条黑色眉纹。中国故称"震旦",1872年,法国传教士、著名博物学家阿芒·戴维根据采自江苏一个湖边芦苇丛的标本,对该鸟进行了科学命名。近年在北京的宛平湖等地也陆续观察到了震旦鸦雀。

近年来在北京地区分布日益增多,夏季宛平湖、莲花池公园等地均有记录。

北京常见

活力 & 呆萌 | 马培轩

▶ 动物类 ◎ 鸟类

夜鹭
鹈形目鹭科

白鹭
鹳形目鹭科

今天，我在西溪湿地看到了一只白鹭和一只夜鹭站在河边，我后来发现白鹭是在抓鱼夜鹭在发呆。白鹭在认真地观察水里的鱼，然后白鹭发现水里有鱼，就快速把头伸到水里，夜鹭呆在那里不动。最后白鹭抓了一条大鱼，夜鹭还在发呆。

后来我从网上看到了一些它们的资料白鹭一般是比较活跃，而夜鹭是就一个地方站立多达好几个小时。只有人和它特别迫时才会飞走。

鹭（lù）是鹳（guàn）形目鹭科鸟类的通称，为大、中型涉禽，主要活动于湿地及林地附近，是湿地生态系统中的重要指示物种。用长长的嘴啄食鱼类、两栖类、昆虫和甲壳动物。鹭类共同的特点是在飞行时颈部呈"S"形。成年夜鹭体羽灰蓝色，头顶具白色装饰羽。白鹭全身白色，繁殖期颈部、背部具蓑羽。

夜鹭、白鹭夏季在北京各公园水域都能看到。

北京常见

18

赤麻鸭 | 伍方济

赤麻鸭，大型游禽，全身赤黄褐色，翅上有明显的白色翅斑和铜绿色翼镜；嘴、脚、尾黑色；雄鸟有一黑色颈环。在北京地区，赤麻鸭为旅鸟、冬候鸟，在奥林匹克森林公园等有较大水面的城市公园都能看到它的身影。

相较于城区公园常见的绿头鸭，赤麻鸭更多地在郊区水域分布，如沙河、野鸭湖等地。

北京常见

赤麻鸭 别称:黄鸭、黄凫、渎凫、红雁。

赤麻鸭雌鸟羽色和雄鸟相似，但体色稍淡头顶和头侧几白色，颈基无黑色颈环。赤麻鸭雄鸟头顶棕白色；颏、喉前颈及颈侧淡棕黄色；下颈基部在繁殖季节有一窄的黑色领环；胸、上背及两肩 均赤黄褐色，下背稍淡腰羽棕褐色，具暗褐色虫蠹状斑；

尾和尾上覆羽黑色。

→ 昆虫

"赤麻鸭"主要以水生植物叶、茎和种子、农作物苗、谷物等植物性食物为食，也吃昆虫、甲壳动物、软体动物、虾、鸭舌草、水虫至、蚯蚓小蛙和小鱼等动物性食物。

泥鳅 ←

19

一只可爱的黄斑苇鳽 | 苟景珲

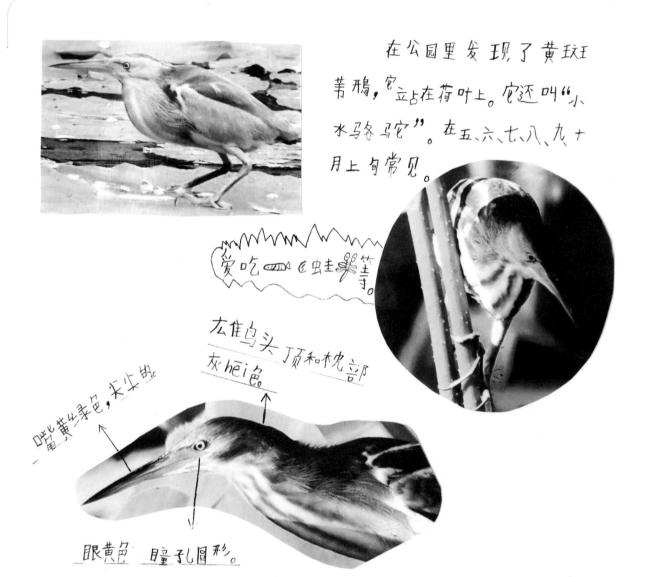

动物类◎鸟类

在公园里发现了黄斑苇鳽，它立占在荷叶上。它还叫"小水马各马它"。在五、六、七、八、九十月上旬常见。

爱吃🐛🐸等。

左维鸟头顶和枕部
灰hēi色

嘴黄绿色，尖尖的。

眼黄色 瞳孔圆形。

　　黄苇鳽（jiān）是一种中型涉禽，身体具有明显的纵纹。喜欢栖息在既有开阔明水面又有大片芦苇等挺水植物的池塘、沼泽中，在水边涉水觅食水生动物。性甚机警，遇有干扰，立刻伫立不动，向上伸长头颈观望。在北京地区为夏候鸟，春季4～5月份迁徙至北京繁殖，秋季9月末10月初迁徙至南方越冬。

　　主要是在城区各公园和郊区湿地的芦苇丛和荷花塘中活动觅食，性情胆小，十分怕人。

20

白头鹎 | 王天一

白头鹎，又名白头翁。平均寿命10到15年，额至头顶为黑色，两眼上方至后枕为白色，腹白色具黄绿色纵纹。是长江以南常见鸟种，白头鹎是杂食性鸟类，吃大量农业害虫，是农林益鸟之一，值得保护。

白头鹎和麻雀、绿绣眼合称"城市三宝"，常结群出现在校园、公园、住宅区和路边高高的电线与树上。白头鹎在我国分布于长江流域及其以南广大地区，偶见于河北和山东，但是随着近些年气候变暖、生存绿地减少等因素，白头鹎种群逐渐向北方扩张，以至于东北各城市也经常能看到它们的身影，它们也算是背井离乡的北漂大军。白头鹎头顶的白毛就好似人类因操劳过度而生出较早的白发，耐人寻味。

在此我呼吁大家，一定要从我做起，爱护环境，保护野生动物，不要让那么多野生动物生存问题"愁白了头发"。

白头鹎（bēi），小型鸣禽。身体为橄榄绿色，额至头顶黑色，两眼上方至后枕白色，形成一白色枕环。栖息于山区阔叶林或公园树林中，以果树的浆果和种子为主食，也捕食昆虫。白头鹎善鸣叫，鸣声婉转多变，常立于枝头鸣唱不息。

城区公园和郊区绿地都有分布，尤其是春季繁殖期间，鸣叫声婉转动听。

喜鹊的礼物 | 王煜丹

早上，我刚起床就发现了

一只小鸟，停在我的窗台上，

上网上一查，原来它就是喜鹊，羽毛

在太阳的照耀下显得格外

漂亮，羽毛的一边是蓝色的，

一边是黑棕色的，它长

得胖胖的，尾巴很长，仔细一看，哇！

原来它的嘴里还叼了一只毛毛虫呀！

漂亮的尾巴

我刚想靠近，忽然它

就飞起来了，从天上掉下

来了一片羽毛，这可能是它

送给我的礼物吧！

喜鹊，鸦科的中型鸣禽。头、颈、背至尾均为黑色，并自前往后分别呈现紫色、绿蓝色、绿色等光泽，双翅黑色而在翼肩有一大型白斑，尾远较翅长，呈楔形，嘴、腿、脚纯黑色，腹面以胸为界，前黑后白。为北京地区留鸟，常栖息于公园、小区的林地，杂食性，繁殖期捕食大量昆虫。北京最常见的鸟类。

北京常见

大斑啄木鸟 | 解楚良

大斑啄木鸟是攀禽。在树林出没。它最明显的特点它尾下覆羽是红色的，像是穿了红色的裤衩，我喜欢叫他"红裤衩"它是北京地区常见的三种啄木鸟之一。它比灰头绿啄木鸟小，比星头啄木鸟大。

雌性头顶没有红色斑纹。

雄性有红色斑纹。

啄木鸟的"大餐"

2018年4月1日 拍摄于奥林南园 雌性 天气阴

它们的巢

2018年7月14日 拍摄于圆明园 雄性 天气 晴

　　大斑啄木鸟，小型攀禽。上体主要为黑色，肩和翅上各有一块大的白斑。尾黑色，外侧尾羽、飞羽具黑白相间的横斑。下腹部及臀部鲜红色。雄鸟枕部红色。大斑啄木鸟多在树干和粗枝上觅食，啄食树皮或树干内昆虫。大斑啄木鸟可有效抑制天牛等蛀干害虫，是著名的森林益鸟。

　　全年可见，北京城区郊区树林都有分布。只要仔细倾听和观察，就能顺着"笃笃笃"的啄木声找到它们。

黑枕黄鹂 | 冯纤祺

主要食物果实及种子

头枕部随有宽阔的黑色带斑

嘴峰26cm~34cm

本重60~101g

23cm~27cm

每年初夏的时候，黑枕黄鹂会来到我的家乡。它的到来就预示着麦子要成熟了。它的叫声很特别，在我听来就是算黄算割，也就是麦子一边黄一边收割。它长得非常漂亮！一到末火季它的身影也就消失了。

绝句
（唐）杜甫

两个黄鹂鸣翠柳，
一行白鹭上青天。
窗含西岭千秋雪，
门泊东吴万里船。

北京可见

黑枕黄鹂，体型中等的鸣禽。通体金黄色，两翅和尾黑色。头枕部有一宽阔的黑色带斑，并向两侧延伸和黑色贯眼纹相连，形成一条围绕头顶的黑带，在金黄色的头部甚为醒目。在北京地区为夏候鸟。栖息于阔叶林、混交林，以及城市公园的树上，鸣声清脆婉转。

黑枕黄鹂喜欢在人迹较少的树林中的树冠层筑巢繁殖，平时很难见到，只能根据它们形似猫叫的"喵喵"声去寻找它们，而且要耐心等待。

环颈鸻 | 崔馨月

■ 4-6 年级组 ★★★★♪

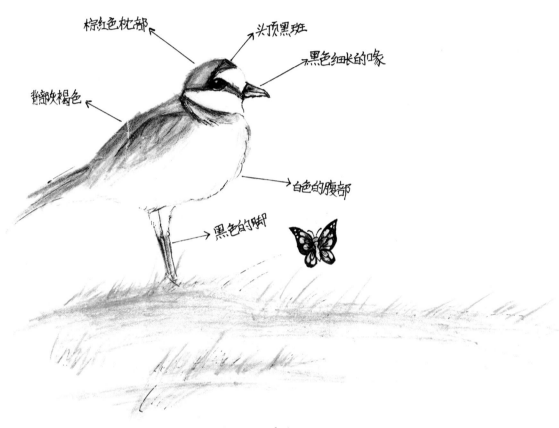

棕红色枕部　头顶黑斑　黑色细长的喙　背部灰褐色　白色的腹部　黑色的脚

动物类◎鸟类

今天，爸爸妈妈带我去了延庆的野鸭湖公园，在公园里，我看到了几只环颈鸻，它们长着黑色的喙，头顶有黑斑，棕红色的枕部尤为显著，眼部有一条黑黑的过眼纹，最有特点的是白色的颈环，像一条白围脖，围在胸前，它们是这么的漂亮！

北京常见

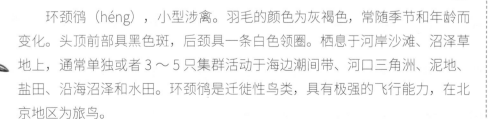

　　环颈鸻（héng），小型涉禽。羽毛的颜色为灰褐色，常随季节和年龄而变化。头顶前部具黑色斑，后颈具一条白色领圈。栖息于河岸沙滩、沼泽草地上，通常单独或者3～5只集群活动于海边潮间带、河口三角洲、泥地、盐田、沿海沼泽和水田。环颈鸻是迁徙性鸟类，具有极强的飞行能力，在北京地区为旅鸟。

　　每年春秋季节在郊区湿地滩涂常见，如野鸭湖、麋鹿苑、沙河等地，体形很小，走动速度极快，需要仔细辨别才能发现。

25

灰鹡鸰 | 颜小轩

▶ 动物类◎鸟类

我在密云旅游时，发现草丛中有一只雄性成年灰鹡鸰。它上体灰色，具白色眉纹，喉部黑色。下体颜色由黄至白，尾羽黑色具白色外缘，较其它鹡鸰更长。腹部黄绿色，与背部和尾部差异明显。飞行时翼下覆羽有明显的细长白斑，脚角质色。

生态环境 ↓ nice ♥

灰鹡鸰 (jí líng) 为小型鸣禽。上背灰色，腹部黄色，具白色翼斑和黄色的腰部，尾细长，外侧尾羽具白，常做有规律的上、下摆动，飞行时两翅一展一收，呈波浪式前进，并不断发出"ja-ja-ja-ja……"的鸣叫声。栖息于溪流、湖泊、沼泽等水域岸边或附近，以昆虫为食。

主要分布在城区有较大水面的公园和郊区河流湿地的岸边滩涂，如翠湖湿地公园、圆明园、沙河等地。

棕灶鸟的手记 | 王浩栋

棕灶鸟，尾巴方形，喙很直。冠褐色，喉咙白色，上体羽毛呈红褐色，飞羽略灰暗，尾巴红褐色，下体是一种略带苍白的棕黄褐色。善于筑巢，以营造的烤箱形巢而闻名。分布于南美洲的阿根廷、巴西、巴拉圭和乌拉圭。

棕灶鸟

（木描画）

主要吃昆虫及其他节肢动物，偶尔也吃植物性物质，如种子和果实。

喙很直

棕灶鸟体长16~23厘米，体重31~65克。尾巴方形，喙很直。冠褐色，喉咙白色，上体斑呈红褐色，飞羽略灰暗，巴巴红褐色，下体是一种略带苍白的棕褐色，雄鸟及雌鸟相似，幼鸟下身格为淡色。它们的体形随北部至南部已逐渐有所变化。腿细长，适合在开阔草原上生活！

2018年1月时，我看见这个鸟就让我想起老师曾说："每个东西、植物、动物都陪给世界添加色彩。"那么它经典烤箱巢不就是它为世界添加的色彩吗！而且万一有人真把它的巢当烤箱弄的话，就麻烦了，所以一定要仔细观察那是不是烤箱，也说明我们一定要保护动物，爱护大自然！

它们常在开阔的草原上生活。

有时也常拜访人类住。

这是棕灶鸟生活环境！

体形十分大（比一般鸟）

腿细长

尾巴方形

繁殖方式：

棕灶鸟营半球形的巢，看上去像烤箱。其营造的烤箱经典，是众所周知的。它们精心制作的炉形的泥巢，常见的建筑于树权上和电线杆上。一年四季均可繁殖，但主要的繁殖期在8月至12月期间，在产卵前几个月就开始筑巢的艰巨任务。每窝大约产3至4卵，孵化期约16至17天，双亲一同孵化和喂雏，幼鸟离巢期约24至26天。

我们一定要爱护小动物！

红嘴蓝鹊 | 胡家维

■ 4-6 年级组 ★★★★↘

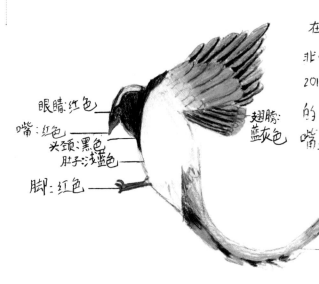

眼睛:红色
嘴:红色
头颈:黑色
肚子:浅蓝色
脚:红色
翅膀:蓝灰色
尾尖:白色
尾巴:蓝色

在妈妈的朋友圈看到一位爱好摄影的叔叔拍摄的红嘴蓝鹊的照片,非常好看,我也想去看。问过之后得知就在奥林匹克森林公园。2018年11月7日的清晨,我和妈妈来到奥林匹克森林公园南园湖的西侧,看到美丽的红嘴蓝鹊,如果你也想要一睹红嘴蓝鹊的芳容,必须要起早点,因为9点以后它们就不来了。

以果实、小型鸟类及卵、昆虫为食,常在地面取食。主动围攻猛禽。

喜马拉雅山脉、印度北部、中国均有分布。

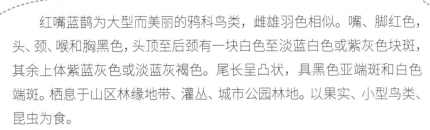

北京遇见

红嘴蓝鹊为大型而美丽的鸦科鸟类,雌雄羽色相似。嘴、脚红色,头、颈、喉和胸黑色,头顶至后颈有一块白色至淡蓝白色或紫灰色块斑,其余上体紫蓝灰色或淡蓝灰褐色。尾长呈凸状,具黑色亚端斑和白色端斑。栖息于山区林缘地带、灌丛、城市公园林地。以果实、小型鸟类、昆虫为食。

主要分布在北京西部、北部和东部山区及少数城区公园,如圆明园和天坛公园等地,全年可见。

小鸟 & 多彩树叶 | 吕行

■ 4-6 年级组 ★★★★⸣

小麻雀和乌鸦在城里也很常见的，但是绿头鸭就真的没怎么见过了。

2018年10月7日　晴

北京的秋天来了，天气渐渐变凉了，一阵秋风刮过，许多树的叶子就落下来了，在这里过冬的小鸟们，都长出了厚厚的羽毛，小鸭鸭都围上了围脖呢！

野鸭湖公园

银杏叶

柳叶

榆树叶

枫叶

各种颜色的树叶真的很漂亮啊！

桦树叶

白杨叶

北京常见

绿头鸭全年可见，分布于北京城区、郊区的水域。

作品中的叶片，各有值得一提的特性。榆树叶中含有杀虫成分，可用来制作土农药；银杏叶中含有珍贵的银杏黄酮与银杏内酯，可提取治疗心血管疾病的药物。柳叶一旦被害虫啃咬，会释放特殊的化学物质，周围的柳树接收到此类物质，会加强防御，共同应对害虫。杨树叶、桦树叶、枫树叶在秋天飘落后，如果不及时清除，会成为很多害虫与病菌越冬的温床，将它们堆叠在土壤中发酵，又会成为很有营养的植物肥料。

绿头鸭那些事 | 梁维泽

■ 7-9 年级组 ★★★★☆

鸭子子背操▼

鸭子翘臀舞▼

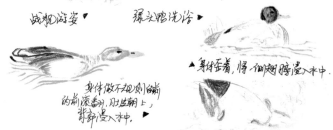
三背操的姿态先高后低，而翘臀舞则相反，身体羊前伏后翘状。翘臀舞没有序曲，在普通泳姿下，直接将后半身翘起，同时缩脖低头，将嘴浸入水中，挑起一小柱水珠，然后屁服股成下小恢复常态。

三背操上演前，公鸭们只是平静地漂在水面，先是缓缓低下头，前羊半截嘴插入水面，然后而侧(左右居多)甩头用嘴捞起一束水花。紧接着抬起前身，低头摆挺起背，弓起腰轻颈，并发出声清脆的叫声。

战舰游姿▼

绿头鸭洗浴▼

身体做不规则的前滚翻，肚皮朝上，背部漫入水中。▶

▲身体歪着，将侧翅膀漫入水中。

绿头鸭，大型游禽。雌雄异色，雄鸟嘴黄绿色，头和颈辉绿色，颈部有一明显的白色领环。上体黑褐色，腰和尾上覆羽黑色，两对中央尾羽黑色，且向上卷曲成钩状；翅灰白色，具紫蓝色翼镜。雌性麻灰褐色。成群活动于江河、湖泊等水域，主要以水生植物为食。

绿头鸭每年春季交配繁殖，会有一套交配行为，作者较为仔细地观察到了这一行为。

绿头鸭全年可见，分布于北京城区、郊区的水域。

北京常见

通过一根羽毛引发的思考和观察 | 孙言玉

■ 7-9 年级组 ★★★★☆

9月30日 周日 晴（有风）
在学校操场的树下捡到了一片羽毛，是纯白色的，很轻，大概有小拇指那么长。

通过网络了解：
喜鹊常出没于人类活动地区，喜欢将巢筑在民宅的大树上。

白色
↑
半绒羽

喜鹊鸟
↑

根据我的观察，学校周围的鸟类主要有3类：乌鸦、麻雀和喜鹊，而我捡到的这根毛，我认为是喜鹊身上的，因为喜鹊的肩羽是纯白色，腰是灰、白相杂。
学校周围的乌鸦多是全身黑色，所以可能性就很小了。而麻雀又太小，和这根白色半绒羽的大小不相符。

正羽

喜鹊是北京地区分布最广的鸟类。

北京常见

介于绒羽与正羽之间的一种羽毛，具正羽的结构但缺乏羽小钩和凸缘，因此像绒羽一样蓬松。一般分布于正羽之下。（通过网络我了解到这是一根半绒羽）

珠颈斑鸠 | 张好

飞羽深褐色

黑色领圈上具白色斑点

头顶前部灰

嘴黑色

一脚暗红褐色

今天我在去商场的路上看见了一只奄奄一息的鸟，就带了回家，给他上了些药，大致样子就如左图，上网查了一下，叫珠颈斑鸠，中型鸟，为留鸟，主要以稻谷、玉米、小麦、豌豆等农作物种子为食。虽然上了药，吃过饭，喝了水，但还是没有活下去（可能伤得太重）

——图反该它的胃被打穿了

珠颈斑鸠，体型比家鸽略小。头灰色，上体大都褐色，下体肉色，后颈有宽阔的黑色色带，其上满布白色细小斑点，尾末端白色。当在野外遇到受伤鸟类时，救助者首先要注意个人防护，其次受伤的鸟类最好放置于避光的纸盒中，避免发生二次伤害，之后联系相关野生动物救护部门。

北京城区分布较广的一种斑鸠，常见于各大公园，在地面觅食。

一段路上的所见 | 张思佳

北京城区分布较广的一种斑鸠，常见于各大公园，在地面觅食。

报喜鸟 | 李玉

■ 7-9 年级组 ★★★★✦

动物类 ◎ 鸟类

今日在小区路旁树架上停落了一只喜鹊。记得从小父母便常常絮叨：如果喜鹊这只鸟它冲你叫了，那么你将会有喜事来到了。而从此喜鹊又有

一个有趣的名字——"报喜鸟"。而如今通过这次奇遇一探报喜鸟的奥秘。

喜鹊这种鸟，喜爱捕食昆虫这类小型动物。以往我对喜鹊的认知，都久处于温顺，今日这两词上展开，实则不然，喜鹊这种鸟头、颈、背与尾部上覆羽择黑色。而后头与颈克稍仿蓝紫色，背部稍仿蓝色。而尾羽，黑色，但若仔细观察，尾羽末端皆为深蓝绿色宽带。而雌性却又与其不同，实属有趣！！

不过喜鹊却并非温顺，一旦感受到外界刺激，便会上前"攻击"。

麻雀生活探究 | 陈烨

■ 7-9 年级组 ★★★★✦

观察对象：麻雀

观察日期：10月1日至10月4日

一个问题被解决了，但另一个问题又出现在我脑海：麻雀是怎样在处处天敌的环境中生存下来的呢？经过3天观察我发现麻雀很难被发现，只有在欧队中我才能看到。而这种羽毛与周围环境相似度很大，称为保护色，属于生期应应环境

秋天到来，大雁掠过空中，排成"人"字形，寒冷的风吹过城市，但我却花园中看到四只麻雀在花园里跳跃。经过每天细心观察，发现麻雀并没有要飞走的迹象，后来从网上查找资料，确定麻雀为留鸟。

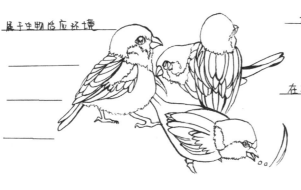

观察过程

鸟儿为什么会飞？

时间：8.25　　　地点：郊外树林

天气：晴　　　　记录人：张梦瑜

今天是周六，我们一家去了郊外野餐，面包屑招来了贪吃的小鸟。它们飞过来连忙啄走一块，又飞快地飞走了。我在想，为什么同样都有翅膀，为什么鸟儿可以自由飞翔，而像狗、鸭这样有带翅膀的动物却不可以呢？

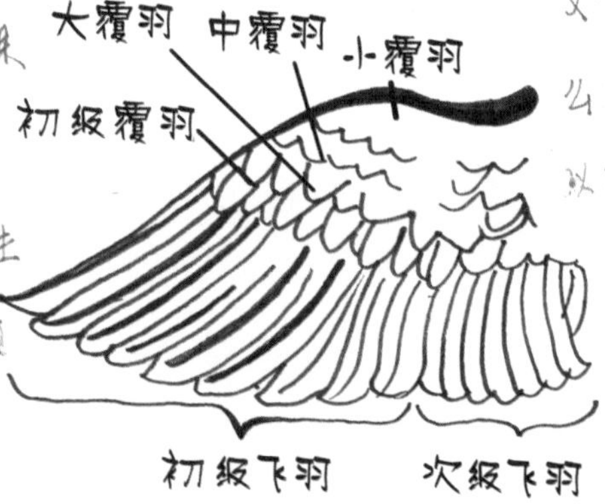

减轻了重量，加强了飞行能力。并且，鸟类胸部肌肉发达，肺部可以完成两次气体交换，这是鸟类特有的"双重呼吸"保证了鸟在飞行时的氧气充足。

另外，又在鸟类身体中，骨骼、消化、排泄、生殖等器官机能的构造，都趋向于减轻体重，增强飞行能力，使鸟类能克服地心引力。

大覆羽　中覆羽　小覆羽
初级覆羽
初级飞羽　　次级飞羽

原来，鸟的身体外面是轻而温暖的羽毛，羽毛是流线型，在空气中运动时减少受到的阻力小，有利于飞行。上下翅膀不断上下扇动，鼓动气流，就会发生巨大的下压抵抗力，使鸟便快速向前飞行。

其次，鸟的骨骼坚韧而轻，是中空的，里面充有空气，

播种能手 —— 红松鼠 | 田宸睿

■ 4-6 年级组 ★★★★★★

观察时间： 2018年 9月23日 天气：晴 观察者： 田宸睿 （四年级）
地点： 小兴安岭

假期里的一天，我去小兴安岭的林子里写生，安静林子树枝突然晃动引起了我的注意，一个胖乎乎红彤彤的身影在树林间一闪而过，过了一会儿它又出现了停留的时间长了一些，我知道了这个谜的真相，原来它是一只萌萌哒的红松鼠，松鼠从树上往下跳时，尾巴往下垂下，就像一个大大降落伞让松鼠平平安安落地，落到地时大尾巴垫着柔松的又厚又软，起到海绵垫的作用，在晚上松鼠休息时，把大尾巴放在身上像被子一样，特别保暖哦！

它的食物

播种能手 👍

松鼠爱吃松子，每年秋天它会留一些小零食，但它记性很难，所以常常忘记，第二年就会长成高大的松树，所以大家叫他播种能手

棒棒哒！

红松鼠

真聪明的小家伙！
再尝尝蘑菇

换口味时候

有时换换口味吃蚂蚁的幼虫

它的最爱

真吗？小松鼠？

　　欧亚红松鼠，广泛分布于欧亚大陆，随季节及分布地点不同，毛色也不同，头及背部的颜色从淡红色、棕色、红色到黑色，胸腹部的皮毛则是白色或奶油色。欧亚红松鼠栖息于针叶林或阔叶混交林中，以坚果、嫩叶为食，也吃蘑菇、浆果等，有时吃昆虫的幼虫、蚂蚁卵等。作者观察到的红色果子为构树的果实。
　　主要分布于北京西部浅山区公园，如颐和园、香山等地。

北京常见

35

◀ 动物类 ◎ 哺乳动物

2018.10.2

在去大兴安岭的路上，路旁的草地上躺着一只已经死去的赤狐。

它以这样的姿势卧在草窝里↓

赤狐

小小小小小
红狐狸！
（其实在狐里体型根本不小）

我近距离观察了一下，它的耳朵后面是黑色的，背部为戌红色，腰部为橙黄色，尾尖为白色。嘴很狭长，眼睛较小，尾巴的毛很厚，蓬松。总体毛色较浅，体型不大。不知道它是怎样死的，但它非常的瘦，也许是饿死的？当地人说，多半是人为杀死。当时我正看到不远处有羊群在坡上吃草。

周围环境如上，一望无际的草地。由于天气较冷已变成黄褐色。

大概是一只生活在草原上的小狐狸吧。但不知道属于哪个亚种。

——白桦树

松树

然后，在森林与草原的交界地带，我们又看到了一只狐狸。

——腿细长，深色。

它跑得飞快，我们几乎只看到了一个影，它的毛的颜色比前一只更深。

也许在大家的印象中，狐狸代表好诈，狡猾，但其实它们是非常可爱的！由于捕食小型啮齿类动物，也是维持生态平衡重要的一环。希望在未来狐狸这种可爱生灵也能得到很好的保护。

赤狐属食肉目犬科动物，是体型最大、最常见的狐狸，广泛分布于北半球。毛色因季节和地区不同而有较大变异，一般背面棕灰或棕红色，腹部白色或黄白色，尾尖白色，耳背面黑色或黑褐色，四肢外侧黑色条纹延伸至足面。赤狐的栖息环境非常多样，森林、草原、高山、平原、村庄附近，甚至城郊。通常夜晚捕食小型动物，也吃各种野果和农作物。

小松鼠（一）

毕幼桢

■ 1-3 年级组 ★★★★★

油松（*Pinus tabuliformis*）与华山松（*Pinus armandii*）均为我国重要的造林树种。油松针叶两针一束，华山松针叶五针一束。两者均能结出美味的松子，吸引松鼠等啮齿类动物食用，并帮助种子进行传播。科学研究表明，油松的松子质量小、种皮薄，80% 以上被松鼠当场吃掉，并不进行远距离传播；华山松的种皮较厚硬，常被松鼠携带到 3～5 米甚至更远的地方储藏起来。因此，华山松的繁殖效率也略高于油松。

（1）油松，北京十分常见。北京延庆的松山自然保护区就是保护华北地区天然的油松林。北京各山区及园林中常见。 （2）华山松，天然分布于陕西、山西、河南、四川等地，北京为引种栽培植物，各公园有栽植。木材优良，可做家具，种子可以食用。

小松鼠（二） | 李祐航

动物类 ◎ 哺乳动物

2018·9月22日。 晴

① 今天在部队院里遇见了只正在往树上跑的小松鼠。

② 它在树上跳来跳去，好像在找东西，一会从树上推下来一个坏的核桃，原来是它不要的果子。

③ 它找了一会儿，咬着一个核桃从树上沿着电线绳跑到另一棵树上。

④ 它在树上停留了一会儿又从树上下来，爬到草坪上。

⑤ 然后在草坪上挖了一个小洞，把它找到的核桃藏了进去。

P.S.：小松鼠藏起来的果子它还能找到吗？

欧亚红松鼠，广泛分布于欧亚大陆，随季节及分布地点不同，毛色也不同，头及背部的颜色从淡红色、棕色、红色到黑色，胸腹部的皮毛则是白色或奶油色。欧亚红松鼠栖息于针叶林或阔叶混交林中，以坚果、嫩叶为食，也吃蘑菇、浆果等，有时吃昆虫的幼虫、蚂蚁卵等。作者观察到的红色果子为构树的果实。

主要分布于北京西部浅山区公园，如颐和园、香山等地。

北京常见

小松鼠（三）

■ 1-3 年级组 ★★★★✦

动物类 ◎ 哺乳动物

2018年9月22日 中午
北京市香山公园 天气：晴
昨天，妈妈带我去香山公园爬山。
突然，有一只深棕色的小松鼠从路旁的柏树上爬陈，它的肚皮是白色的，有一条毛茸茸的大尾巴。

食物：
松果
浆果：
榛子等

小松鼠跑到草地上玩耍，用自己的小鼻子到处嗅。我朝它扔了一些生花生，但它对我的花生一点儿也不感兴趣，或许是害怕人不敢吃。

过了一会儿，它迅速地穿过马路爬上围墙，接着又爬上一棵有红果子的树，用两个前爪抱起一个红果子啃起来，一会儿它就把果子啃完了，把核儿丢在了地上。吃饱了的小松鼠从树上爬下来。

小松鼠在地上找到一个小松果，津津有味地吃起来。

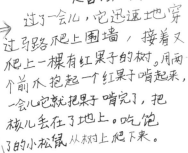

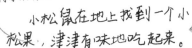

（被咬的红果子）

小松鼠爬回了柏树上，在它的家（树洞）门口玩耍起来。

→ 白肚皮

→ 深棕色毛

→ 大又长的尾巴

哺乳纲
松鼠科

主要分布于北京西部浅山区公园，如颐和园、香山等地。

北京常见

39

稀奇的小壁虎 黄文杰

■ 1-3 年级组 ★★★★★

今天，我和爸爸妈妈在去京西古道的山路上发现了三只小壁虎。

第一只小壁虎牢牢地倒挂在一块大石头上，一看到我们就迅速地跑到了草丛里隐藏了起来。它很会伪装自己，不仔细看你就别想发现它。它的爪子上有许多小刚毛，就像一个小吸盘，这些小吸盘可以使它飞檐走壁，而不会掉下来。

→吸盘

↓断尾自卫

第二只小壁虎看起来稍大一些，看来这里非常适合它生存。因为这里很容易捉到蚊子、苍蝇、面包虫还有飞蛾之类的害虫。就算它三、四天不吃东西也不会被饿死的。

第三只小壁虎看起来很可怜，因为它的尾巴断了，不过不用担心，它的尾巴还会再长出来的，因为它身体里会分泌一种再生激素使尾巴再长出来。真稀奇呀！

无蹼壁虎是北京常见的一种爬行动物。在海拔 600 ～ 1 300 米的建筑物缝隙、树木、岩缝中都能看到它的身影。其四肢具五趾，趾端膨大，善于攀爬。以昆虫为食。在遇到危险时会自行断尾，断尾后会很快长出新的尾巴，这是壁虎的一种生存对策，也是生物对生活环境的适应。

北京城区老旧的建筑内较为常见，夜行性。

北京常见

捷蜥蜴 | 徐梓诚

日期： 2018.8.26
星期日
天气：晴
地点：北京.怀柔.天池峡谷
三(7) 徐梓诚

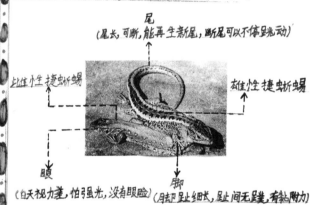

　　这一天，我和爸爸妈妈去了怀柔的天池峡谷景区，这里有"天然氧吧"的美称。

　　在下山的路上，我不经意地看到石阶上趴着一只可爱的小壁虎。我弯下腰，小心翼翼地靠近它，小家伙一动不动，好像在思考着什么。我一说话，它仿佛听懂了我的意思，很配合地转了一下头。

　　这只小壁虎很特别，身体长满了鳞片，黑色斑纹上的小白点在阳光照射下闪闪发光，好像珍珠一样。

　　我知道壁虎是益虫，它能捕食蚊子、苍蝇等，是人类的好朋友，我们可要爱护它呀！

　　后来，经过请教我的科学老师，才知道这只特别的小壁虎，是"捷蜥蜴"。

　　捷蜥蜴有浅色的腹部和背部条纹，长度18-20厘米，重量12克左右，最大长度可达25厘米。捷蜥蜴昼伏夜出，白天会晒太阳，提升血液温度。

　　雄性捷蜥蜴背部为黑褐色，体侧为亮绿色，颜色在交配季节变深，部分或整个变成明亮的绿色。雌性捷蜥蜴为淡褐色或茶色，分布有黑白的斑点。

尾
(尾长，可断，能再生新尾，断尾可以不停跳动)

此雌性捷蜥蜴

雄性捷蜥蜴

眼
(白天视力差，怕强光，没有眼睑)

脚
(四脚趾细状，趾间无蹼，有黏附力)

　　作者在野外观察并拍摄到的是山地麻蜥，是华北地区常见的蜥蜴（xī yì）类动物。山地麻蜥通常分布在海拔 100 米以上的山区。成年山地麻蜥身体灰褐色，并具有明星的白色斑点。山地麻蜥被列为"三有"保护野生动物。

观察壁虎 | 杨丰与

■ 7-9 年级组 ★★★★★

▶
动物类 ◎ 爬行动物

2018年10月1日，天气晴，微风。写了一上午作业的我，想去楼下转转。十一点多的时候我和爸爸出了门。

刚一出门，我就发现了一只小壁虎在邻居家的门缝里使劲钻。我和爸爸都感到很奇怪，一只小壁虎怎么能爬到25层，邻居平时也没有这方面的爱好啊！

于是爸爸想了想，还是用纸盒把它装起来，放到了小区的树丛里。毕竟这儿更适合它生长。放完后，我给它拍了几张照片，留作纪念。它大概有八九厘米长，四只脚。每只脚的五个指头牢牢地扒着地面。壁虎爬的速度非常快，一下就能窜出十多厘米。而且，它对声音特别敏感，拍照时，我一出声，它就爬走了。我还注意到这是一只黑白相间的壁虎，尤其是尾巴上，有许多块白斑。以前都是听说壁虎在墙上爬，头一次看见在地上爬，很新奇。

北京城区老旧的建筑内较为常见，夜行性。

北京常见

海蟾蜍 & 蝼蛄 | 周思诚

■ 4-6 年级组 ★★★★★★

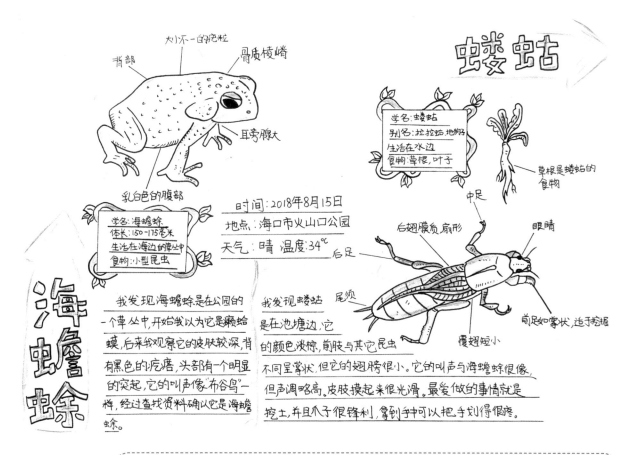

蝼蛄

学名:蝼蛄
别名:拉拉蛄 地蝲
生活在水边
食物:草根,叶子

草根是蝼蛄的食物

背部
大小不一的疙瘩
骨质棱嵴
耳旁腺大
乳白色的腹部

学名:海蟾蜍
体长:150-175毫米
生活在海边的草丛中
食物:小型昆虫

海蟾蜍

时间:2018年8月15日
地点:海口市火山口公园
天气:晴 温度:34℃

中足
后翅膜质扇形
后足
眼睛
尾须
覆翅短小
前足如掌状,适于挖掘

我发现海蟾蜍是在公园的一个草丛中,开始我以为它是癞蛤蟆,后来我观察它的皮肤较深,背有黑色的疙瘩,头部有一个明显的突起,它的叫声像"布谷鸟"一样,经过查找资料确认它是海蟾蜍。

我发现蝼蛄是在池塘边,它的颜色淡棕,前肢与其它昆虫不同呈掌状,但它的翅膀很小。它的叫声与海蟾蜍很像,但声调略高,皮肤摸起来很光滑。最爱做的事情就是挖土,并且爪子很锋利,拿到手中可以把手划得很疼。

海蟾蜍(chán chú)原产于南美洲和中美洲,体型巨大,身体一般为褐色或棕色,体表有深色斑点。主要以昆虫为食,也吃青蛙、蜥蜴和小的啮齿动物。海蟾蜍喜栖息于甘蔗田,并吞食甘蔗害虫,初期作为天敌动物引入澳大利亚及亚洲等地,但由于其食性繁杂、适应力和繁殖能力强且缺乏天敌,因此在澳大利亚等地已造成生物入侵问题。

蝼蛄(lóu gū)为直翅目蝼蛄科昆虫,为地下昆虫,前足特化为开掘足,啃食植物的地下根茎。

麦穗鱼 | 康子杉

动物类◎鱼类

麦穗鱼产卵期为4~6月.卵椭圆形,具黏液.成串地黏附于石片,蚌壳等物体上.孵化期雄鱼有护卵的习性.

食性广,多以枝角类与水生昆虫为食.偶尔也以鱼类尸体为食.也可以迅速接受人工饵料,如面包,鱼饲料等.

幼鱼体色浅黄色,黑色纵带明显,身形纤细,眼大,吻上位,无须,各鳍透明.有一定观赏价值.

麦穗鱼,体长一般不超过10厘米.体为柳叶形,稍侧扁,头尖,略平扁,口上位,无须,唇薄,背鳍无硬刺,鳍条上有黑色条纹.体侧常有黑色纵带,从吻部,经眼,延伸至尾鳍基部.体侧鳞片后缘常具新月形黑斑.体色常因情绪变化而变深或变浅.

麦穗鱼分布极广,几乎所有水域(淡水)都有分布.喜静水水域和水体透明度不高的水域,如池塘.湖泊中.非繁殖期常成群出没.抢夺食物极为激烈.进食时会发出独有的咔哒声.

珠星

生殖时期雄鱼体色变黑,鳞片边缘为黑色,产生较为强烈的领地意识,吻部,颊部出现角质珠星用于争夺领地,会主动攻击领地内其它雄性.

麦穗鱼是鲤形目小型鱼类,体细长,稍侧扁,体侧中央有一条不明显的灰黑色纵带,体侧鳞片的后缘常具新月形黑斑.麦穗鱼分布极广,常见于江河、湖泊、池塘等水体,生活在浅水区.杂食性,主食浮游动物.北京山区河流中较为常见.

北京常见

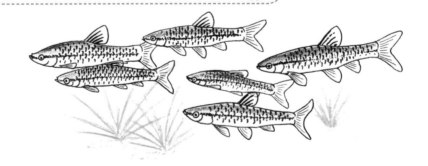

小区里的蜗牛观察 ｜ 马亦君

■ 1-3 年级组 ★★★★★★

发现过程：
2018年9月17日，天气小雨，下雨过后，我在小区里的花坛里的地雷花叶子上发现了许多只大小不一样的小蜗牛。它们的壳是浅棕黄色，头上有四个小触角，一碰就先缩回去了。它们还有看起来黏糊糊的浅黄色身体，它们爬行非常缓慢，爬过的地方还会留下来黏液的痕迹。它们的身体一会长的，一会短短的。抓住它们的时候它们会很害怕的缩进壳里。过一会才探出头来。

? 通过观察，我提出几个问题：
1. 小蜗牛的长短的触角是干什么用的？
2. 为什么晴天的时候我在花坛里看不到小蜗牛？
为什么在小区的水池边上石头拿走的洞里有很多小蜗牛！

🤚 我了解到的知识
我和妈妈一起在网上查找了关于小蜗牛的资料，对照着我抓的小蜗牛，我仔细观察了它们的身体，也找到了问题的答案。

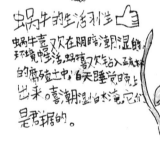

生殖孔眼
足 肛门 呼吸孔
触角

蜗牛是没有脊椎的软体动物，有四个触角，大的一对顶端有眼，小触角就像它的手，蜗牛最喜爱的动物

我和妈妈抓了四只不一样大的小蜗牛带回家养。我把它们放在一个纸杯里，喂了一片小白菜叶，还给杯子里面倒了一点点水。它们很调皮，不一会就沿着纸杯壁爬出来了。我把它们抓回去，用纸片搭了一个盖子盖上。过了好久后，有的在盖子上倒吊着，还发现白菜叶有很多的洞是小蜗牛啃吃的，它们还拉了黑色的粑粑。第二天，我又把它们放回花坛里。

🐌蜗牛的生活习性 👍
蜗牛喜欢在阴暗潮湿的环境中生活。蜗喜欢钻入疏松的腐殖土中，白天睡觉晚上出来。喜潮湿怕太阳它们是有据的。

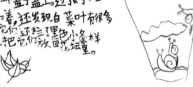

蜗牛并不是生物学上一个分类的名称，我们一般把陆生腹足纲的所有动物通称为蜗牛。在北京城区常见的蜗牛包括北京华蜗牛和灰巴蜗牛。它们喜欢在阴暗潮湿、疏松多腐殖质的环境中生活，昼伏夜出。腹足扁平宽大，足底有腺体，爬动时能分泌黏液，黏液遇空气即迅速干燥，在爬过的地方留卜明亮的痕迹。
夏季各公园小区的背阴处均可见。

北京常见

鳃金龟 | 任钰鑫

鳃金龟

记录人 任钰鑫

中文学名：鳃金龟 纲：昆虫纲
英文学名：chofers 亚纲：有翅亚纲
又称为：天鹅绒金龟子 目：鞘翅目
　　　　东方金龟子 科：鳃金龟科
界：动物界
门：节肢动物门

2018年8月6日的下午,我在尖扎一旅店的院子里玩耍,一只虫子飞过来落在台阶上,我走过去看见是一只甲壳虫,它的样子很奇特,它有一对像刷子一样的触角,我第一次见到这种虫子,我对它很好奇,于是爸爸妈妈一起帮助我查资料。

形态特征

鳃金龟最大的特点,是其触角呈鳃、叶状,就像两把刷子钉在头上。鳃金龟的体色较为单调多呈棕、褐到黑褐色,或全体一色,即使有斑纹也较为单调,这与它们经常在夜间活动有关。鳃金龟的身体粗壮,呈卵圆形或长椭圆形,它们中的许多种类都是农林害虫。

大自然中许多鸟类和螳螂都是它的天敌,我们应该保护这些鸟类和有益的昆虫,它们是人类和树木的好朋友。

鳃金龟是鞘翅目金龟科鳃金龟属昆虫的总称。鳃叶状触角3～8片,通常合并在一起,使触角看起来呈锤状。鳃金龟的幼虫称为蛴螬,身体柔软,呈"C"形。幼虫生活在土壤中,常将植物根咬断,是一种重要的地下害虫。保护戴胜等食虫鸟类,有利于控制鳃金龟的数量。

夏季郊区常见,全天活动。

秋天的柞蚕

侯久岈

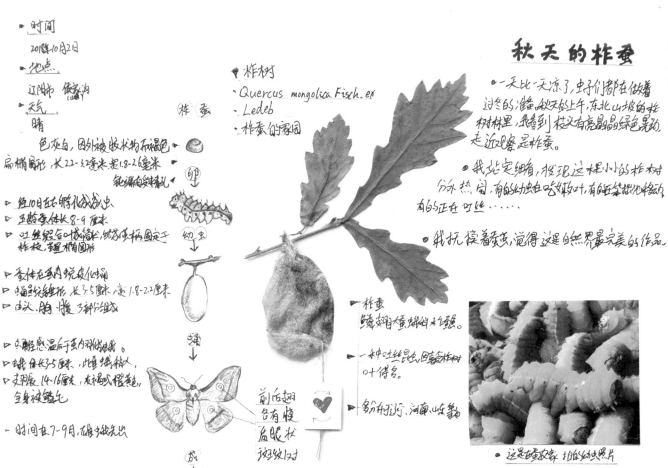

时间
2016年10月2日

地点
辽阳市 侯家沟

天气
晴

色灰白,因外被鳞状物不很白。
扁椭圆形,长2.2-2.3毫米,宽1.8-2.6毫米
钝端有受精孔

经10日左右孵化成幼虫。
五龄幼虫体长8-9厘米。
吐丝缀合叶或结茧,然后收柄固定于柞枝,茧椭圆形。

蚕体在茧内蜕皮化蛹
蛹纺锤形,长3-5厘米,宽1.8-2.2厘米
由头、胸、腹3部分组成

经解感温后茧内羽化成蛾
蛾体长5厘米,此蛾雄雌不
支翅展14-16厘米,赤褐或橙黄色
全身被鳞毛

时间在7-9月,雄蛾先出

秋天的柞蚕

● 一天比一天凉了,虫子们都在做着过冬的准备。秋天的上午,东北山坡的柞树林里,我看到枝头有亮晶晶绿色晃动,走近观察是柞蚕。

● 我站定细看,发现这棵小小的柞树分外热闹,有的幼虫在吃叶,有的在举起小脑袋摇动,有的正在吐丝……

● 我抚摸着蚕茧,觉得这是自然界最完美的作品。

柞树
· Quercus mongolica Fisch. ex
· Ledeb
· 柞蚕的家园

柞蚕
鳞翅目大蚕蛾科柞蚕。

一种吐丝昆虫,因其食柞树叶得名。

多分布于辽宁、河南、山东等地

前后翅各有一个眼状斑纹1对

● 这是蚕农家拍的幼虫照片

柞（zuò）蚕为鳞翅目昆虫,分布于我国东北、山东等地,以壳斗科栎属植物的叶子为食。柞蚕是完全变态的昆虫,在其一生的 28 天中,经历:卵、幼虫（蚕）、蛹、成虫（蛾）,以蛹过冬。茧可缫（sāo）丝,主要用于织造柞丝绸,其茧丝的产量仅次于家蚕,是我国特有的一种重要经济昆虫。

变形计 —— 蝉 | 张晨朝

动物类 ◎ 昆虫

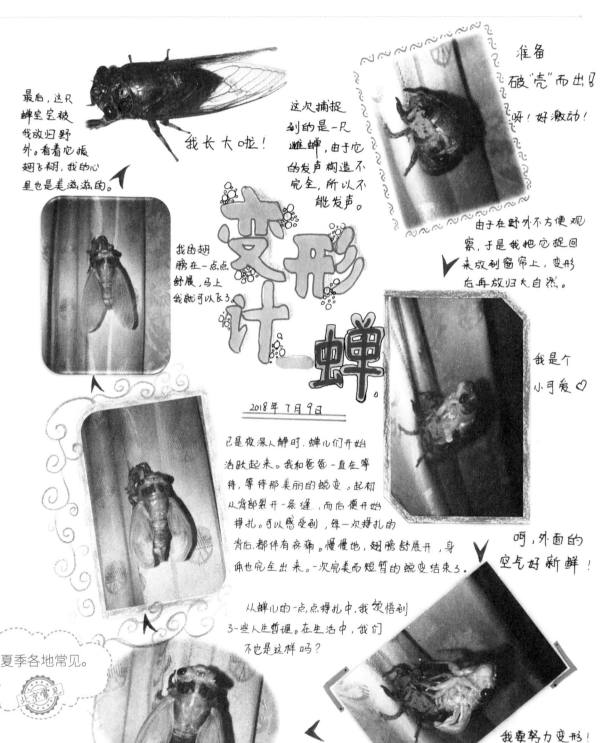

最后，这只蝉宝宝被我放归野外。看着它振翅飞翔，我的心里也是美滋滋的。

我长大啦!

这次捕捉到的是一只雌蝉，由于它的发声构造不完全，所以不能发声。

准备破"壳"而出!
呀! 好激动!

由于在野外不方便观察，于是我把它捉回来放到窗帘上，变形后再放归大自然。

我的翅膀在一点点舒展，马上我就可以长大了。

变形计·蝉

我是个小可爱♡

2018年 7月9日

已是夜深人静时，蝉儿们开始活跃起来。我和爸爸一直在等待，等待那美丽的蜕变。起初从背部裂开一条缝，而后便开始挣扎。可以感受到，每一次挣扎的背后，都伴有疼痛。慢慢地，翅膀舒展开，身体也完全出来。一次完美而短暂的蜕变结束了。

呀，外面的空气好新鲜!

从蝉儿的一点点挣扎中，我领悟到了一些人生哲理。在生活中，我们不也是这样吗?

夏季各地常见。
北京常见

啊，我准时出来了，外面好舒服!

在经历了人生中各种考验后，我们脱去稚嫩的外衣，逐渐走向成熟。

我要努力变形!

斑衣蜡蝉 | 张峻瑞

■ 1-3 年级组 ★★★★★✦

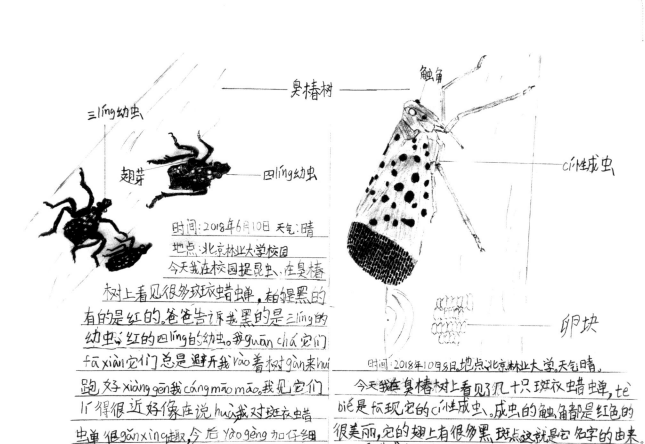

三líng幼虫　臭椿树　触角

翘芽　四líng幼虫　cí性成虫

卵块

时间：2018年6月10日 天气：晴
地点：北京林业大学校园
今天我在校园捉昆虫，在臭椿树上看见很多斑衣蜡蝉，有的是黑的，有的是红的。爸爸告诉我黑的是三líng的幼虫，红的四líng的幼虫。我guān chá它们fā xiàn它们总是避开我rào着树gàn来回跑，好xiàng跟我cáng māo māo。我见它们lí得很近好像在说huà，我对斑衣蜡虫单很gǎn xìng趣，今后yào gèng加仔细guān chá。

时间：2018年10月8日 地点北京林业大学，天气晴。
今天我在臭椿树上看见了几十只斑衣蜡蝉，tè bié是fā现它的cí性成虫。成虫的触角都是红色的，很美丽。它的翅上有很多黑斑点，这就是它名字的由来。
cí性成虫chǎn卵前，一边振动翅一边寻找合适的地方，它总是rào到树干的向阳面然后chǎn卵，chǎn出的卵块都在树皮上yán色与树皮样，这样很好地起到保护的作用，保证卵能越冬成功。

斑衣蜡蝉为半翅目蜡蝉科的昆虫。斑衣蜡蝉为不完全变态昆虫，不同龄期体色变化很大，小龄若虫黑色并布满小白点，大龄若虫红黑相间具白色斑纹，成虫后翅基部红色，飞翔时可见。斑衣蜡蝉喜群居，多在臭椿、柳树等植物上吸食树木汁液。

夏季各地常见。

北京常见

49

观察马陆虫 | 倪圣智

■ 1-3 年级组 ★★★★★

动物类◎昆虫

如果用手指摸它，它把身体缩成圆球过几分钟后恢复

它们生长在阴暗潮湿的地方，比如杂草丛中和石头缝里面。

马

马陆虫的脚很多，数也数不清。

一只马陆死在了路上。

好可怜

陆

我把脚放在它前面，它会挺起身子爬过去。

2018.9.23.晴、北京.怀来

外壳很坚硬，背部足黑色和黄色

马陆是节肢动物门倍足纲动物的统称，每节体节有两对足，因此又被称为千足虫。图中作者观察的是在北京山区常见的一种马陆——燕山蛩（qióng）。燕山蛩身体黑褐色，每节体节均具有金黄色横斑。当受到刺激时，身体盘绕成环，并散发特殊的气味。

夏季各地常见。

远古神奇 | 刘旭桐

■ 1-3 年级组 ★★★★★

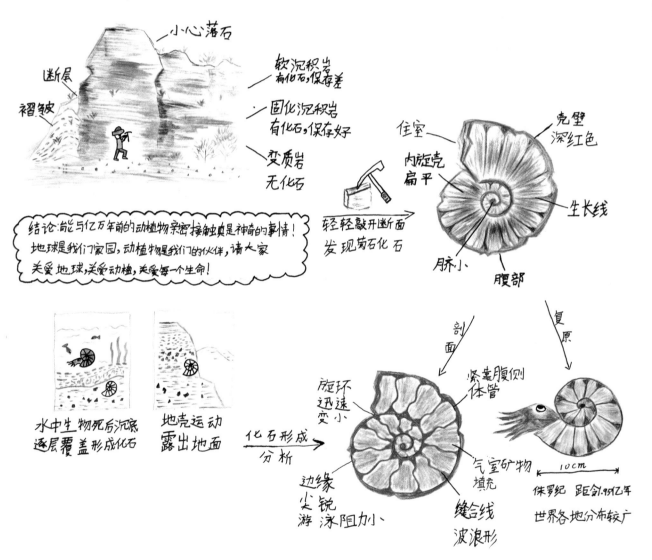

2018年 国庆 江苏南京金牛湖 20~25℃ 晴

动植物化石的采集、观察、分析、记录 —— 西小三(6)班刘旭桐

小心落石

断层

褶皱

软沉积岩
有化石,保存差

固化沉积岩
有化石,保存好

变质岩
无化石

结论:能与亿万年前的动植物亲密接触真是神奇的事情!
地球是我们家园,动植物是我们的伙伴,请大家
关爱地球,关爱动植,关爱每一个生命!

轻轻敲开断面
发现菊石化石

住室

内旋壳
扁平

月脐小

壳壁
深红色

生长线

腹部

水中生物死后沉底
逐层覆盖形成化石

地壳运动
露出地面

化石形成
分析

剖面

复原

旋环
迅速
变小

紧靠腹侧
体管

气室矿物
填充

边缘
尖锐
游泳阻力小

缝合线
波浪形

10cm

侏罗纪 距今1.95亿年
世界各地分布较广

51

绿蝽 | 甘雨坤

■ 7-9 年级组 ★★★★★

星期五　延庆·天皇山　晴

清晨，山间。

碧空如洗，几抹白云淡淡地飘过。山间的空气非常清新，浸润在城市中备受污染的肺部，更是净化了在喧嚣中从未放松过的心灵……

有些疲惫了，坐在大树下的石头上，不经意地看向草丛间，瞥到一只可爱的小昆虫！

看到它，我的第一印象就是——它，真的好绿！翠绿的身体，让它完美地与周围的青草融为一体，要不是它背上那两个小小的红色斑点，我还不一定能发现它呢！

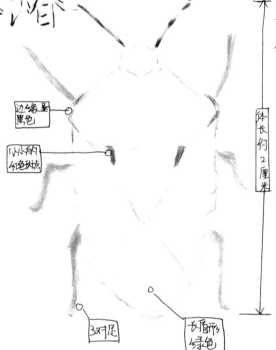

5节丝状触角

边缘呈黑色

小小的红色斑点

3对足

长盾形绿色

体长约2厘米

我拍了它的照片，向当地人询问它的种类。但当地人说这是一种害虫，叫绿蝽，会吸食一些像茄子、番茄这些蔬菜的汁液。

回家后，我又搜索了一下这种小昆虫……

半翅目，蝽科。

天敌有刺腹小蜂、螳螂、蜘蛛……

遇到危险会假死，但也成为人类捕杀它的捷径。

感受：结构与功能相适应，功能应环境而变化，但也可能聪明反被"聪明误"，引来杀身之祸。

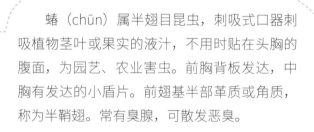

蝽（chūn）属半翅目昆虫，刺吸式口器刺吸植物茎叶或果实的液汁，不用时贴在头胸的腹面，为园艺、农业害虫。前胸背板发达，中胸有发达的小盾片。前翅基半部革质或角质，称为半鞘翅。常有臭腺，可散发恶臭。

蟋蟀总动员 | 石卓凡

XI SHUAI ZONG DONG YUAN
蟋蟀总动员

- 时间：2018.8.22
- 地点：小区空地
- 天气：晴
- 记录人：石帆

蟋蟀是怎样叫的呢？

鸣叫前，就是一只正常的蟋蟀开始叫了：

1. 复翅举起，与身体背面成45°角
2. 复翅向左右两侧敞开
3. 迅速合拢（左复翅上的音锉与右复翅的发音镜发生摩擦）

在小区空地边草丛里照到的2

蟋蟀俗称蛐蛐。这种昆虫给人的第一感受就是闹腾，叫声闹腾，动作也闹腾。我去小区空地打羽毛球的时候看到了好几只蟋蟀，"di di di di di……"一直叫个不停。每只的叫声都有区别。蟋蟀的叫声大小由摩擦的轻重和角度大小决定。而蟋蟀中只有雄性为了吸引异性或恐吓同性而有能力鸣叫，所以我在空地边的草丛里听到的蟋蟀叫声全都是雄性蟋蟀发出的。

复翅上的发音镜和音锉相互摩擦发声

一次两只蟋蟀的战斗 A ▲ Ⓥ B △

打球的时候听到草丛里叫声有一阵很强，但过一会儿又没什么叫声了，走过去偷看发现是两只在打架：

① bi bi ▲ △ di di……
不知道是谁走到谁的领地上了
A和B都开始叫，这就是刚开始听到很强的叫声

② →▲△
A和B不叫了，都开始撕咬对方，一会儿咬头，一会儿爬到对方背部咬，持续的时间不长

我还把一个吃剩下的苹果核放到一只蟋蟀旁边，想着它是杂食性昆虫，应该会吃的，结果它都没理我，像没看到一样……

③ →▲ △ ↻
A刚要再次咬B，B突然转身，离开战斗，战败而逃

④ ▲
草丛里只剩下A了
这时候A又开始鸣叫宣告胜利

迷卡斗蟋，直翅目蟋蟀科的一种常见鸣虫，俗称蛐蛐儿，广泛分布于我国的广大地区。迷卡斗蟋通体黑褐色，头大，顶部宽圆，颜面圆凸饱满；常栖息于野外地面、土堆、石块和墙隙中，掘洞或利用现成瓦砾石块缝隙而居，并啮食植物的茎、叶、种实和根部。雄虫在求偶期会不间断地鸣叫，叫声清澈嘹亮，节奏中速，在无干扰的情况下，鸣叫可长达几十分钟。

夏季各地常见。

北京常见

蚂蚁 | 张子昂

■ 1-3 年级组 ★★★★★

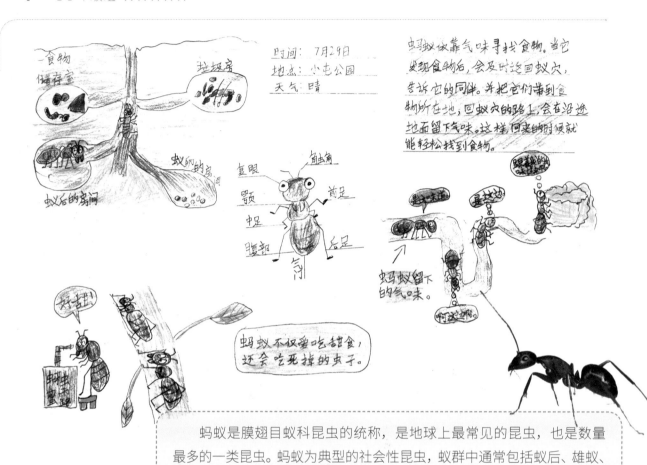

时间：7月29日
地点：小屯公园
天气：晴

一食物
储存室
垃圾房

蚁后的房间
蚁卵的房间

复眼
颚
中足
腹部
触角
前足
后足

蚂蚁留下的气味。

攻击！

蚂蚁不仅爱吃甜食，还会吃死掉的虫子。

蚂蚁依靠气味寻找食物。当它发现食物后，会及时返回蚁穴，告诉它的同伴，并把它们带到食物所在地。回蚁穴的路上，会在沿途地面留下气味。这样回来的时候就能轻松找到食物。

> 蚂蚁是膜翅目蚁科昆虫的统称，是地球上最常见的昆虫，也是数量最多的一类昆虫。蚂蚁为典型的社会性昆虫，蚁群中通常包括蚁后、雄蚁、工蚁、兵蚁。蚂蚁对温度的反应敏感，多半在炎热天气活动。蚂蚁是自然界的建筑师，在地下筑巢，地下巢穴的规模往往非常大。

北京遇见

羽蚁 | 马梓琦

■ 1-3 年级组 ★★★★☆

12月25日 星期四 阴
触角
上颚
眼睛
腿
腹
雄羽蚁

普通蚂蚁

草籽.花蜜等都是羽蚁的食物。

羽蚁,在夏季求春季出生,也叫飞蚁。

羽蚁是指长着翅膀的蚂蚁,它的个子比普通蚂蚁大,而且雌蚁的个子要比雄蚁的个子还要大很多,如果用"O"表示雌蚁大小的话,是这样的

普通蚂蚁如果也用"O"表示是这样的(工蚁)

它们的飞行能力很强,当它们向着上方的天空奋飞下去,简直像一架小飞机,但是当羽蚁褪去翅膀后,它就是一只普通的个头很大的蚂蚁了。

蝉的蜕变 | 颜焱

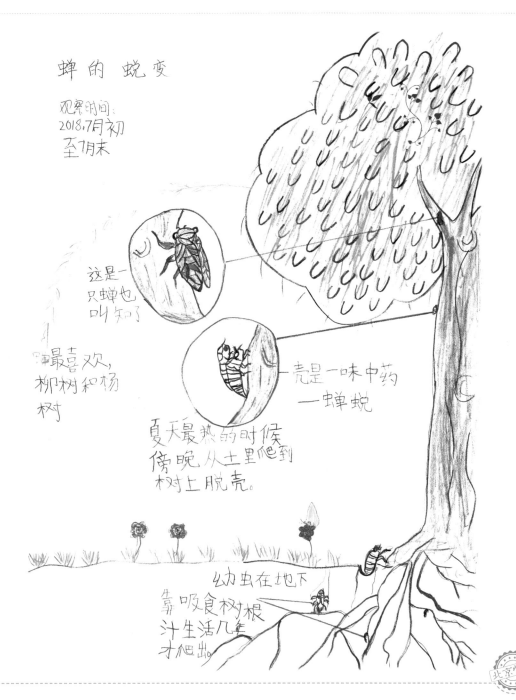

蝉的 蜕变

观察时间:
2018,7月初
至7月末

这是一只蝉也叫知了

最喜欢,柳树和杨树

壳是一味中药
——蝉蜕

夏天最热的时候傍晚从土里爬到树上脱壳。

幼虫在地下靠吸食树根汁生活几年才爬出。

动物类◎昆虫

北京常见

　　蝉为半翅目昆虫,俗称知了。蝉的一生经过受精卵、幼虫、成虫三个阶段。卵孵化成幼虫钻入土壤中,以植物根茎的汁液为食。幼虫成熟后钻出地面,爬到高处羽化为成虫。成虫仅能存活几个月,但是幼虫阶段能够在土壤中存活好多年。雄蝉第1、第2腹节具发音器,能连续不断发出尖锐的声音。北京城区可见蟪蛄(huì gū)、鸣鸣蝉、黑蚱(zhà)蝉、蒙古寒蝉等。

暑假的四面山 | 毕海天

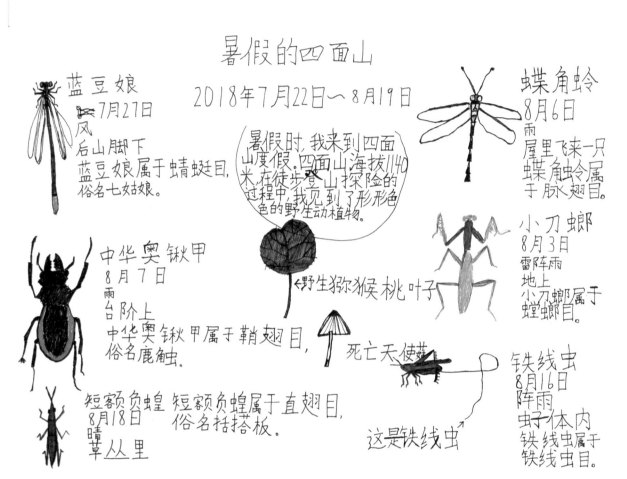

暑假的四面山
2018年7月22日～8月19日

暑假时，我来到四面山度假。四面山海拔1140米。在徒步登山探险的过程中，我见到了形形色色的野生动植物。

蓝豆娘
7月27日
风
后山脚下
蓝豆娘属于蜻蜓目，俗名七姑娘。

蝶角蛉
8月6日
雨
屋里飞来一只蝶角蛉。蝶角蛉属于脉翅目。

中华奥锹甲
8月7日
雨
台阶上
中华奥锹甲属于鞘翅目，俗名鹿触。

小刀螂
8月3日
雷阵雨
地上
小刀螂属于螳螂目。

野生猕猴桃叶子

死亡天使菇

短额负蝗 短额负蝗属于直翅目，
8月18日 俗名括搭板。
瞳草丛里

这是铁线虫

铁线虫
8月16日
阵雨
虫体内
铁线虫属于铁线虫目。

昆虫是地球上数量最多的动物群体，昆虫种类繁多、形态各异，遍布世界的每一个角落，常见的有蝗虫、蝴蝶、蜜蜂、蜻蜓、苍蝇、螳螂等。昆虫的身体分为头、胸、腹三部分；成虫通常有 2 对翅和 3 对足；头部具一对触角；身体具外骨骼；在生长发育的过程中形态会发生变化。

猕猴桃（*Actinidia* sp.），是原产我国的木质藤本植物。其果实富含维生素 C，单位含量为柑橘的 3 ～ 14 倍，苹果的 20 ～ 84 倍，梨的 30 ～ 140 倍。我国是猕猴桃的故乡，全世界目前共发现 55 种猕猴桃属植物，中国分布 52 种。1903 年，新西兰女教师伊莎贝尔将猕猴桃引种至本国，经过多年驯化，终于培育成果形较大的商品化水果。1959 年，新西兰首次使用"奇异果"的名称销售猕猴桃。

豆娘 | 胡家仪

动物类◎昆虫

2018年10月4日　晴　宜都市姑奶奶家小花园

我在小花园浇花的时候发现了一个翠绿的东西,走过去一看是一个动物的尸体。我觉得它是蜻蜓,可是又不太一样。

它的尾巴细长细长的像竹竿一样,但是身体很短。我量了一下它的尾巴有5cm,加上身是6cm,如果是活的应该更长至少有7~8cm吧。

它的翅膀是直立在背上的有4cm。这是我第一次见到这种昆虫我觉得它长得很奇怪问了妈妈后知道它叫"豆娘"属于昆虫纲蜻蜓目。是肉食性昆虫。昆虫的种类真多,好神奇哦!

本图中作者观察的是蜻蜓目束翅亚目色蟌科的昆虫，也就是俗称的豆娘。色蟌身体多为具金属光泽的蓝绿色，腹部细长，停歇时翅合拢竖于背上。色蟌多分布于山区溪流、湖泊环境，稚虫（水虿，蜻蜓目昆虫的幼虫）生活于洁净的水中。

夏季城区公园水域常见。

北京常见

螳螂观察记 | 浦雪

假期的清晨,我和爸爸在郊区山顶的枯草中发现了这两只翠绿的螳螂。我仔细地观察了它们。

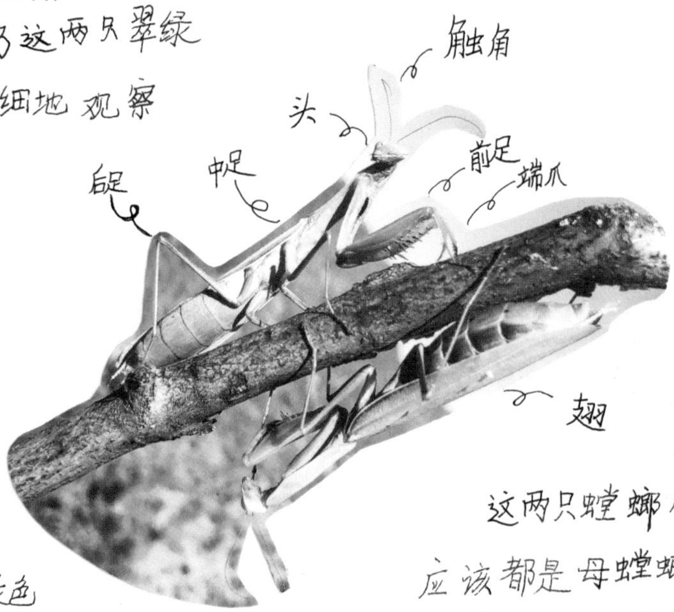

触角

头

腿

颈

胫

前足

端爪

翅

我的观察:

颜色:通身翠绿色

长度:8厘米左右

外形:有6只脚(属昆虫)

　　　头呈三角形,

　　　复眼(和蜻蜓一样)

　　　二对翅膀

行动:后面两对腿走路

　　　前足负责攻击

这两只螳螂腹部都有6节,应该都是母螳螂。我用小细木棒挑起其中一只的前足,它立刻用它的端爪来夹我的木棍,同时发出丝丝的声音好像是在警告威吓我呢!我轻轻挑起它的翅,看见藏在翅盖下的折叠的羽翅。丝丝的声音就是来源于此吧!

螳螂,俗称刀螂,是螳螂目昆虫的总称,其前足特化为捕捉足,为著名的肉食性昆虫。螳螂的一生经历卵、若虫、成虫三个阶段,称为渐变态发育。螳螂以蝇、蚊、蛾蝶类的卵、幼虫、裸露的蛹、成虫为食,有时也捕食蝉、飞蝗等大型昆虫,当食物贫乏时,雌性有进攻雄性并取食雄性的现象。

夏季各地常见。

北京常见

螳螂 | 蔡靖涵

夏季各地常见。

北京常见

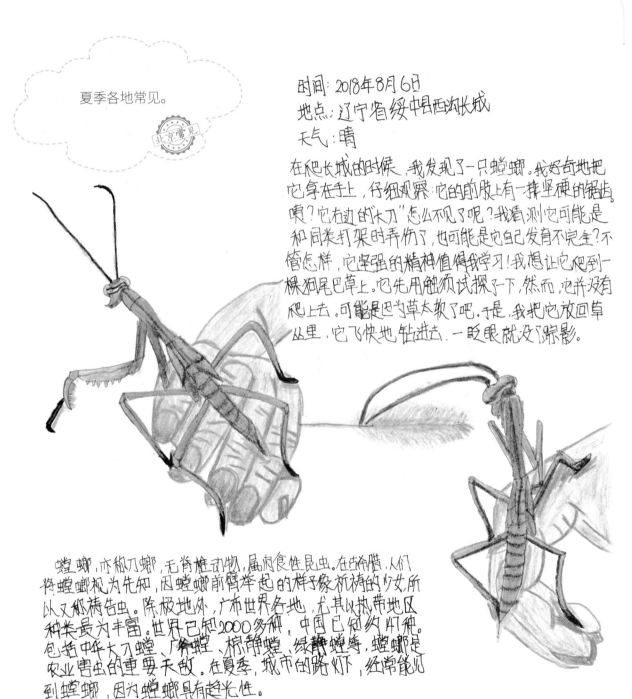

时间：2018年8月6日
地点：辽宁省绥中县西沟长城
天气：晴

在爬长城的时候，我发现了一只螳螂。我好奇地把它拿在手上，仔细观察它的前肢上有一排坚硬的锯齿。咦？它右边的"大刀"怎么不见了呢？我猜测它可能是和同类打架时弄伤了，也可能是它自己发育不完全？不管怎样，它坚强的精神值得我学习！我想让它爬到一棵狗尾巴草上，它先用触须试探了一下，然而，它并没有爬上去，可能是因为草太软了吧。于是，我把它放回草丛里，它飞快地钻进去，一眨眼就没了踪影。

　　螳螂，亦称刀螂，无脊椎动物，属肉食性昆虫。在古希腊，人们将螳螂视为先知，因螳螂前臂举起的样子像祈祷的少女所以又称祷告虫。除极地外，广布世界各地，尤其以热带地区种类最为丰富。世界已知2000多种，中国已知约147种，包括中华大刀螳、广斧螳、棕静螳、绿静螳等，螳螂是农业害虫的重要天敌。在夏季，城市的路灯下，经常能见到螳螂，因为螳螂具有趋光性。

小豆长喙天蛾的一生 | 于知乐

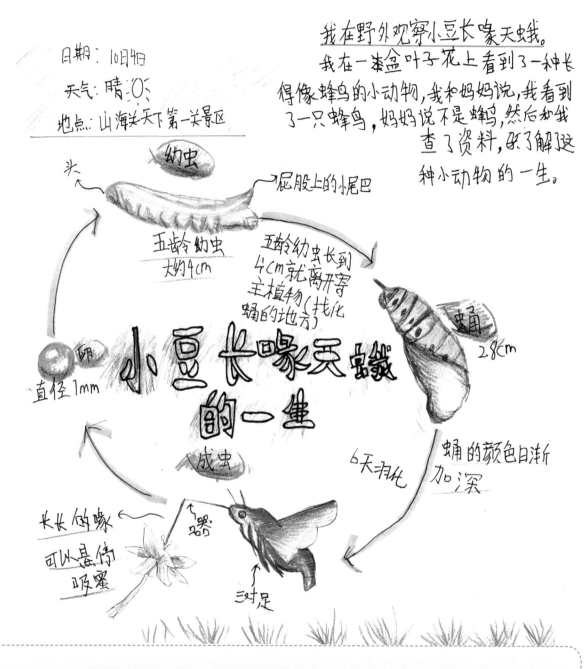

我在野外观察小豆长喙天蛾。

我在一本盆叶子花上看到了一种长得像蜂鸟的小动物，我和妈妈说，我看到了一只蜂鸟，妈妈说不是蜂鸟，然后和我查了资料，来了解这种小动物的一生。

日期：10月4日
天气：晴☀
地点：山海关天下第一关景区

幼虫
头
屁股上的小尾巴
五龄幼虫大约4cm
五龄幼虫长到4cm就离开寄主植物(找化蛹的地方)
蛹 2.8cm
蛹的颜色日渐加深
卵 直径1mm
6天羽化
小豆长喙天蛾的一生
成虫
长长的喙 可以悬停吸蜜
喙器 2cm
三对足

小豆长喙天蛾是鳞翅目昆虫，为常见日行性蛾类。翅面暗灰褐色，前翅有黑色纵纹；后翅橙黄色。以吸食花蜜为主，吸食时，它会空停在花上，伸出长喙，伸入到花蕊中。因其喙细长，又常在花丛间穿梭、吸食花蜜，常被人误认为是蜂鸟。

夏季平原地区常见。

斑衣蜡蝉 | 崔雯雯

■ 4-6 年级组 ★★★★★

斑衣蜡蝉

我经常在植物园里看到过玫王衣虫昔蝉，我本想做一个标本，但是它跳得飞快，我根本没追上它。有一次我摸到了它，但它就立马像死了一样，一动也不动。后来我知道，这是它装死现象。

妈妈告诉我，玫王衣蜡蝉的幼虫叫若虫，小时候若虫是黑色的，有的色玫王点…变成成虫前的若虫黑中带红，白色玫王点也少了。刚羽化的成虫是红色的，翅膀是透明，之后又慢慢地变黑，变硬。它张开翅膀的时候很美丽，有红色，有蓝色，还有黑色。

我猜是因为它身上有玫王点，才叫"斑王衣蜡虫单"呢？

狼蛛

王禹哲

■ 7-9 年级组 ★★★★★

时间 2018年7月12日 地点：内蒙古赤峰市

样子

狼蛛有8只眼睛

狼蛛有时生活在(活动)树叶下

狼蛛的物蛛网不是用来捕食的。

狼蛛全身都毛绒绒的

那些不幸的昆虫过3~会儿，身体会化成浆。这时就会被狼蛛吸食。

成年的狼蛛有着两个尖尖的毒牙！！！它们就是用这两个毒牙来捕食昆虫的。

食物链

这是一条含有狼蛛的食物链！

草 → 草食昆虫 → 蜘蛛 → 吃虫的鸟 → 鹰

活动地点

一般的狼蛛生活在岩石之下

洞穴

有些狼蛛生活在洞穴里。

在遇到攻击时

在狼蛛受到鸟类的攻击时狼蛛会将前足和毒牙冲向对方，而且会将身上的毒毛立起来。

蜘蛛，蛛形纲蜘蛛目所有种的统称，全世界分布，均为陆生。蜘蛛是陆地生态系统中较丰富的捕食性天敌，在维持生态系统稳定中的作用不容忽视。蜘蛛身体分头胸部和腹部两部分，头胸部前端通常有 8 个单眼，腹部腹面具纺器，纺器上有许多纺管，内连各种丝腺，由纺管纺出丝。

黑熊子沟猎奇之旅 | 刘宸希

圆锥乌头

时间：2018.10.3
地点：宽甸龟头岩
天气：晴

被这紫色的美丽小花吸引，带队的毛师赶忙告诉我："别碰！有毒！"原来乌头为散寒止痛要药，既可祛经络之寒，又可散脏腑之寒，为镇痛剂，然其有大毒，用宜慎。看来，美丽邪恶的确比肩姊妹。

圆蛛

时间：2018.10.4
地点：宽甸世柞山庄路中 天气：晴

有着红色的带牛肢的腿，背上顶着一个奇特的金黄色的圆盖，大约有成人拇指一半大小，这就是圆蛛科中的一种。世界上已经发现大约有2800种，常见于草地区，颜色鲜艳，形状奇特，吐的丝强度较大，结圆网。我自己给它起了个名字叫拇指蛛。

瓦松

时间：2018.10.4
地点：宽甸黑熊子沟山脚下（晴）

景天科植物，是一种中药，常在夏、秋季花开时采收，表面粉红色，具多数隆起的残脱叶基，有明显的纵棱线。圆锥花序穗状，体轻，质脆，易碎，像一棵棵缩微的松树，十分好看。入药主要有凉血止血，解毒，敛疮等。

木蠹蛾幼虫

时间：2018.10.5
地点：宽甸世柞山庄山内 天气：晴

从未见过这么美丽的虫子，轻轻拢来放在掌心，滑溜溜的，以为它是美丽的蝴蝶幼虫。查阅资料方知，木蠹蛾幼虫是为害阔叶树种主干或根部的主要害虫。被害林木长受阻，林材工价值降低甚至完全丧失。害虫是否需要大力诛杀还是让之维持自然生态平衡？

木蠹（dù）蛾为鳞翅目木蠹蛾科昆虫的通称。成虫口器退化，身体粗长，翅灰褐色具斑点。幼虫粗壮，深红色，钻入树木的茎内蠹木，是为害阔叶树种主干或根部的主要害虫。啄木鸟等食虫鸟类为木蠹蛾的天敌动物，能够有效控制木蠹蛾的发生。

乌头是毛茛（gèn）科、乌头属一大类植物的统称，全世界共有约350种，我国约有167种。乌头属植物含乌头碱等生物碱，多数种类的块根有剧毒，民间常用来制造箭毒以猎射野兽。

瓦松属植物为二年生或多年生草本，生长分为两个阶段：叶第一年呈莲座状，常有软骨质的先端；第二年自莲座中央长出不分枝的花茎。瓦松属植物约有13种，我国有10种。

63

花椒凤蝶 孙艺涵

■ 7-9 年级组 ★★★★★

花椒凤蝶

幼虫：一层包着一层的绿色外套把小幼虫包得特别好看；红里透绿，绿里透黑的眼睛把它的颜值直线增长，显得无比可爱萌。

成虫：金黄色硕大的翅膀在花丛中飞舞滑翔，太阳光下的翅膀闪闪发光，优雅而美丽。

有趣的现象：

花椒凤蝶的幼虫的触角很有趣，黄色的，呈"丫"字形，平时不会出现，但幼虫一旦受到惊吓，它就会像蛇一样吐出来，特别可爱。

花椒凤蝶，也称柑橘凤蝶，属鳞翅目、凤蝶科昆虫，幼虫阶段寄生于柑橘、花椒等植物。一生有卵、幼虫、蛹、成虫4个阶段，北京地区1年发生3代，以蛹越冬。翅黑褐色，具黄绿色或黄白色花纹，后翅具明显的尾突。低龄幼虫身体黑色，具黄白色斑，模拟鸟粪的形态；5龄幼虫身体草绿色，有横条纹，在遇到危险时头顶伸出臭角，释放臭气。

夏蝉

寇艺凯

■ 1-3 年级组 ★★★★♪

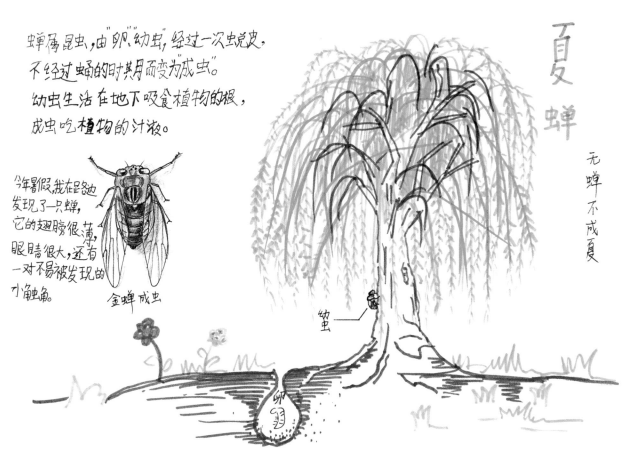

蝉属昆虫，由"卵""幼虫"，经过一次虫蜕皮，不经过蛹的时其月而变为成虫"。幼虫生活在地下吸食植物的根，成虫吃植物的汁液。

今年暑假我在足跟边发现了一只蝉，它的翅膀很薄，眼睛很大，还有一对不易被发现的小触角。

金蝉成虫

夏蝉

无蝉不成夏

茧

卵羽

北京常见

蝉为半翅目昆虫，俗称知了。蝉的一生经过受精卵、幼虫、成虫三个阶段。卵孵化成幼虫钻入土壤中，以植物根茎的汁液为食。幼虫成熟后钻出地面，爬到高处羽化为成虫。成虫仅能存活几个月，但是幼虫阶段能够在土壤中存活好多年。雄蝉第1、第2腹节具发音器，能连续不断发出尖锐的声音。北京城区可见蟪蛄、鸣鸣蝉、黑蚱蝉、蒙古寒蝉等。

动物类◎昆虫

65

蝉 | 裴俊燨

时间：2018.8.18 地点：香槟四季小区
天气：晴 记录人：裴俊燨

今天下午，我在小区发现了一只死了的蝉，
我就想起了蝉生完宝宝就死了。
小虫从蛹里爬出来，钻进地底下，喝树
汁过日子，它们在地下度过一生头2、3年或
6、7年。变成蝉出来只有1、2周的时间，希望宝宝健
在枝上唱歌它们的身长4~5厘米，康成长！
翅黑色，这是保护色。

蝉自然笔记

希望宝宝健康成长！

这是蝉的宝宝！

大自然的带刀护卫 —— 螳螂 | 毋家一

■ 1-3 年级组 ★★★★✦

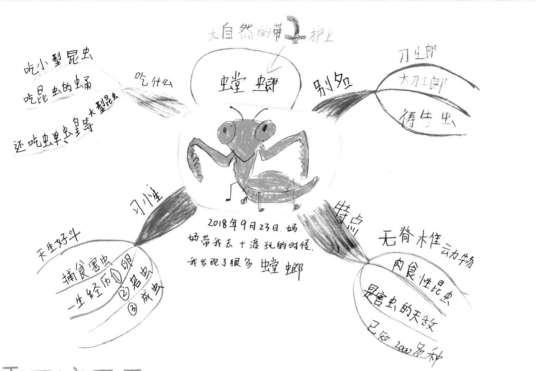

大自然的带刀护卫

螳螂

吃什么
- 吃小型昆虫
- 吃昆虫的蛹
- 还吃虫卵虫皇等大型昆虫

别名
- 刀螂
- 大刀螂
- 祷告虫

习性
- 天生好斗
- 捕食害虫
- 一生经历①卵 ②若虫 ③成虫

特点
- 无脊椎动物
- 肉食性昆虫
- 是害虫的天敌
- 已知2000多种

2018年9月23日,妈妈带我去十渡玩的时候,我参观了很多螳螂

霸王镰刀手 | 王宸萌

■ 4-6 年级组 ★★★★✦

说起螳螂,大家通常会想到一个凶猛的、会吃掉自己丈夫的无情寡妇。

螳螂又叫刀螂,也因缩起前腿的样子像在祷告而被称为"祷告虫"。螳螂属于肉食性昆虫,是一种较大的家族十分庞大。已知有2000多种螳螂分布于全球。和其他昆虫一样,螳螂的身体也分为螳螂的身体也分为头、胸、腹三部分。螳螂的标志就是它们胸前那对强有力的前脚,在那上面有四个关节,可以牢牢地抓住猎物据说螳螂食量惊人,而且一旦抓住猎物就不会松开。

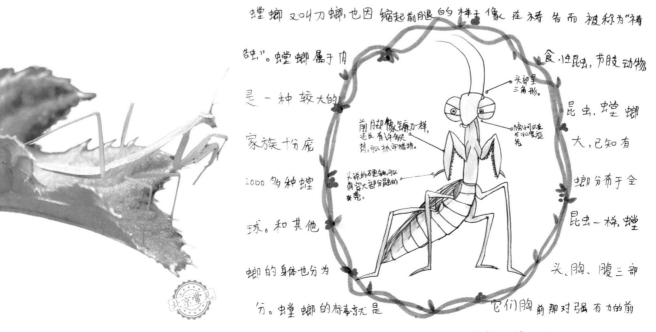

食性昆虫,节肢动物
头部呈三角形
前脚像镰刀一样,还长有许多锐刺,用来抓牢猎物。
胸部可以有两段震动声
头的硬,可以啃完大部分昆虫的外壳。

北京常见

蝉的观察日记 | 傅智明

■ 7-9 年级组 ★★★★✦

◆ 观察地点：街劳小径边的树干
◆ 观察时间：七月二十四日 清晨
◆ 观察天气：晴朗
◆ 观察对象：蝉 (Cicadidae)

观察野生动植物笔记

一腔声欲远，非是藉秋风！

初二四班 傅智明

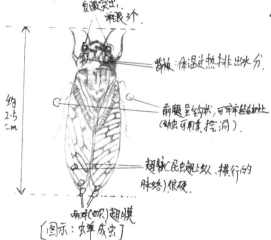

复眼突出
单眼 3个

鸣肌：体温过热排出水分

前腿呈钩状，可牢牢抓住树上
（幼虫可用其挖洞）

翅脉（昆虫翅上纵、横行的脉络）很硬

两对（四只）翅膜
[图示：蝉成虫]

约 2.5 cm

◆ 基本简介：
- 动物界 节肢动物门 六足亚门 昆虫纲 有翅亚纲 半翅目 蝉科
- 已记录有 2000 余种
- 属不完全变态生物
- 经一次蜕皮 不经蛹时期变为成虫
- 卵常产在植物组织内
- 在地下度过 两三年，破土后存活两三月
- 英文 "Cicada" 词根为拉丁文

北京遇见

◆ 昆虫特性：
- 雄性特点：
  ◀ 拥有发音器，位于腹基部，似蒙上鼓膜的大鼓，因其鸣肌发达，每秒可伸缩 1万次。盖板和鼓膜间中空，便引起共鸣，声音响亮。用于吸引雌性。
  ◀ 此上两侧两片为音盖，一侧有一层透膜，称为瓣膜，相当于扩音器。
- 雌性特点：
  ◀ 无法发声，无音盖和瓣膜。
  ◀ 在受精后，用产卵管（生物用于产卵的腹端发达管状突出结构）刺入枝枝（必须完全钻死），排卵产入小孔内。
  ◀ 一只雌蝉可产三四百只卵，但因其天敌——一种螳科昆虫的屠杀，约仅有两只幼虫得以逃出生天（出自《昆虫记》）。
- 幼虫特点：
  ◀ 风将其吹至地上，它便钻入土地打洞生存，吸食树根液汁为生，地下经四次蜕皮，两至三年会爬出地面最后蜕皮（蝉壳）成为成虫。

- 成虫特性：
  ◀ 寿命极短，仅一个季
  ◀ 翅膀很硬，休息时覆在背上，极少飞行。
  ◀ 饮食歌唱两不误：蝉用头部吸管吸取树汁为食，前文所述"发音器"（仅雄虫）发声。
  ◀ 可预报天气（仅雄虫）：俗语"知了鸣，天放晴！"。"蝉儿叫停停，连阴雨要来临"。

◆ 观察感受：
- 蝉的寿命虽然有两三年的光景，但却要在黑暗的土地中挖掘九成的寿命，经过五次的蜕皮，才能变为华美璀璨的成虫，飞翔空中随意歌唱。虽仅能如此享受二三个月，便随秋天的到来而枯竭。或许是不值得的，但若它因此而自暴自弃，更不可能有两三月的阳光沐浴。生命能给的最好的也仅能如此，蝉必须接受这是无法改变的现实，同时明白因此，我们此时更应更珍定，为未来的美好而奋斗。

蜻蜓 | 张京泽

■ 7-9 年级组 ★★★★☽

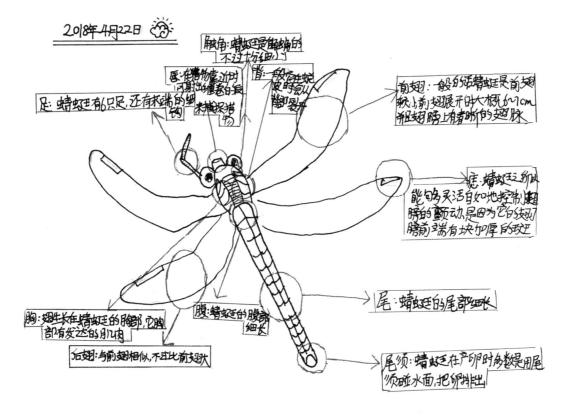

2018年4月22日

触角：蜻蜓是有触角的，不过比较细

足：蜻蜓有6只足，还有末端的细钩

唇：在猎物靠近时可弹出捕捉它，末端探捕

背：一般在蜻蜓发育时会以背裂开

前翅：一般的话蜻蜓是前翅较长，前翅展开时大概6.1cm，翅膀上有清晰的翅脉

痣：蜻蜓之所以能够灵活自如地控制翅膀的颤动是因为它的支动翅膀前端有块加厚的斑

胸：翅生长在蜻蜓的胸部，胸部有发达的肌肉

腹：蜻蜓的腹部细长

后翅：与前翅相似，不过比前翅宽

尾：蜻蜓的尾部细长

尾须：蜻蜓在产卵时会经常用尾须碰水面，把卵排出

● 蜻蜓的食物是肉食，如：蚊子苍蝇等，由此可见蜻蜓是益虫。

● 如果你仔细观察过蜻蜓的话，不难发现，这蜻蜓的翅膀一直是展开了的，就算是休息翅膀要么平展于两侧，或直立于背上。

小 荷 才 露 尖 尖 角
早 有 蜻 蜓 立 上 头

北京常见

　　蜻蜓是蜻蜓目差翅亚目昆虫的统称。根据形态结构分为蜻和蜓。蜻蜓成虫一般体型较大，翅长而窄，膜质，网状翅脉。飞行能力强，可在空中飞行时捕捉害虫。蜻蜓属于不完全变态昆虫，稚虫"水虿（chài）"生活在水中，捕食孑孓（jié jué，蚊子的幼虫）或其他小型动物。

苎麻珍蝶 | 赵子欣

▶ 动物类◎昆虫

苎（zhù）麻珍蝶为鳞翅目中型蝴蝶。翅橙黄色或褐色，外缘有宽的黑色带，黑色带外缘锯齿形，翅脉纹黄褐色或褐色，前翅常有黑色斑纹。一生包括卵、幼虫、蛹、成虫四个阶段，幼虫阶段取食荨麻、苎麻、醉鱼草等植物。

北京可见

· 触角，感知气味
· 头上的毛，感知空气的流动。
· 眼睛（复眼）观察东西的动态和颜色

→ 翅膀上有鳞片具有
防水功能
苎麻珍蝶（蛱蝶科）
· 成虫，成虫从蛹里爬出来了，等翅膀晾干了就拍打翅膀飞走了。

→ · 苎麻：是苎麻珍蝶的寄生植物。

寄生蜂是苎麻珍蝶的天敌。

芝麻（荨麻科）有悠久历史。

→ · 苎麻

前翅
前端
头部
胸部
翅
腹部
外缘
外缘
后缘
外缘苎麻珍蝶
后缘

翅橙黄色或褐色，外缘有宽的黑色带，黑色带外为锯齿形，翅脉纹黄褐色或褐色，前翅为黑色斑纹。

植物类

神奇的狗尾草 | 李昕怡

狗尾草

时间：十一假期
地点：爸爸公司楼下
天气：晴

十一假期，我和妈妈陪爸爸加班。在楼下玩的时候，发现了一大片狗尾草。我很快地想起了科学作业。到了家，我写起了作业我查一查，写一写。

从百度上查找知识。
狗尾草（学名：Setaria viridis）一年生。叶片扁平，长三角状，狭披针形，或线状披针形。高10-100cm。叶鞘松弛，无毛或疏具柔毛或疣毛。

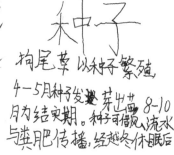

种子

狗尾草以种子繁殖。4-5月种子发芽出苗 8-10月为结实期。种子可借风流水与粪肥传播。经越冬休眠后萌发。

种子的用途：
① 可以当做药材。
② 还可以提炼糠醛。

我的感想：狗尾草到处都能见到以前我看狗尾草只是一种草没有用，但今天我知道了他不小，他是大英雄！能为人治病。大自然真奇妙☺

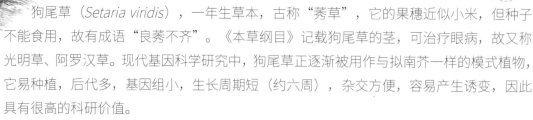

狗尾草（*Setaria viridis*），一年生草本，古称"莠草"，它的果穗近似小米，但种子不能食用，故有成语"良莠不齐"。《本草纲目》记载狗尾草的茎，可治疗眼病，故又称光明草、阿罗汉草。现代基因科学研究中，狗尾草正逐渐被用作与拟南芥一样的模式植物，它易种植，后代多，基因组小，生长周期短（约六周），杂交方便，容易产生诱变，因此具有很高的科研价值。

北京地区极其常见，分布于各区。路旁、山野、荒地、田边、河滩等均有分布，结籽数多，为优质牧草。

马齿苋的观察日记 | 李亦璨

■ 1-3 年级组 ★★★★★☆

马齿苋随处可见，是一年生草本多肉植物，因叶和花的形状像马的牙齿，所以被称为马齿苋。看，这是它幼苗时的样子。

长大后的马齿苋非常茂盛，杆红绿叶黄花，胖胖的枝干有很多水分，轻轻一掰就断了。

马齿苋开花了，金黄色的小花顶一丛丛绿叶间，真好看！

晒干的马齿苋作用可大了，能做成干菜，也能入药。有清热利尿、消肿解毒、消炎止渴、明目等作用。

马齿苋（*Portulaca oleracea*），一年生草本，植物体肉质。具有降血脂、降血糖、抗动脉粥样硬化等功效，是我国国家卫生健康委员会划定的78种药食同源的野生植物之一。生活所见的马齿苋有两大类：野生型马齿苋、栽培型马齿苋。前者植株高大，生长快，酸味小；后者叶片小，味酸，抗病性强。此外，公园中还有一种观赏马齿苋，开花非常美丽。

在北京地区分布极为普遍。生于菜田、荒地和较湿的地方。夏季生长旺盛。全草可以入药，具有清热解毒和预防痢疾的功能。同时，它也是良好的野菜。

北京常见

有关夏至草的自然笔记 | 刘姝越

4-6年级组 ★★★★★

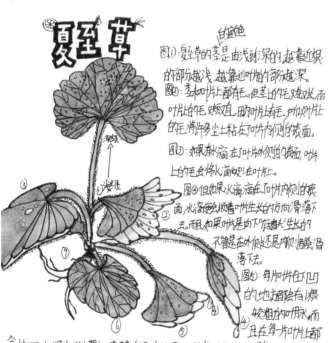

夏至草

图①：夏至草的茎是由浅到深的，越靠近根的部分越浅，越靠近叶的部分越深。

图②：茎和叶片上都有毛，但茎上的毛稀疏而叶片上的毛稠密。叶的叶上有毛，所以叶上的毛滑许多尘土粘在叶内侧的表面。

图③：如果水滴滴在叶片外侧的表面，叶上的毛会将水滴收到叶上。

图④：但如果水滴滴在叶内侧的表面水滴会沿顺着叶生长的方向滑落下去。而如果叶是向外顺着叶生长的不管是在外侧还是内侧都能滑落下去。

图⑤：每根叶柄在凹的地方都有一根较粗的叶脉，而且在每根叶柄上都会出现浅绿色的小圆点，有疏有密有的甚至生长在叶脉上，我们称它们为叶斑。

图⑥：除了较粗的叶脉，在这些叶脉上还有许多更小更细的叶脉，而且这些叶脉可看得很清楚的哦！较粗的叫主叶脉，较细的叫枝叶脉。

图⑦：夏至草的根是主根，去掉根上的泥土后根是白色的，根与茎的交接处呈黑色或深棕色。根与茎的交接处是埋在泥里的，在交接处有1～2个微绿色的小芽，交接处黑的一小部把着小芽，小芽包着所有的茎。

火度测量：

茎的长度——平均3.616厘米
叶柄的长度——平均3.315厘米
叶的宽度——平均2.66厘米
毛的长度——平均1.005毫米
根的长度——平均1.496厘

交接处的长度——0.31厘米
交接处的宽度——0.46厘米
小芽的长度——平均0.305厘米
小芽的宽度——平均1.7厘米

有关夏至草的自然笔记

日间：2018.10.3 阴天
地点：北京市朝阳区北苑家园，清友园，叶子摘下树下
天气：晴☀ 季节：秋

观察原因：因为这棵草的大小适中，比较方便观察。

夏至草是唇形科夏至草属多年生草本植物，成年植株有方柱形的茎秆，掌状叶片有深裂，白色小花6～20朵排成一轮，在叶腋间盛开。夏至草是常用的中草药，具有改善血液和淋巴微循环障碍、活血化瘀、心肌保护、抗炎等生物活性。夏至草的幼苗茎秆不明显，叶片卵形，边缘浅裂或具有细锯齿，和长大后的植株样子有所不同。

夏至草是北京极为常见的杂草。生于路旁、田野、荒地上。全草可以入药，具有养血调经的功效。早春开花，至夏季全株常枯萎，因此得名"夏至草"。

北京常见

平铺的大叶鸭跖草

刘韵冉

■ 4-6年级组 ★★★★★

地点：小区的公园 时间：上午11点
天气：晴 观察对象：大叶鸭跖草

我和妈妈在中秋节的第三天去小区旁边的一处野公园玩，找了一片草地铺上野餐垫。我妈和我开始在周围转悠，我看见一株植物很稀奇，我就把它往上提

结果越提越长。我低头一看脚下布满了这种植物，仔细观察才发现那只是一株草。我大吃一惊。

茎长30多厘米，一株有十几个枝，从下面向上分枝，分枝后还继续分枝。每个分枝的顶部都有两三个果实。我从"识花君"软件查到它叫大叶鸭跖草，也不知道是不是这名字。

草的果实像贝壳，打开后里面有两个豆形种子。

叶边成不规则形状，叶子摸上去粗糙。

30 cm

鸭跖草为鸭跖草科鸭跖草属植物，一年生或多年生草本。茎秆上升或匍匐生根，通常有多分枝，形成较大的株丛。鸭跖草的花朵，藏在一种名叫"佛焰苞状总苞片"之中，其形状如僧帽或贝壳状，种子也藏在其中。鸭跖草属植物全世界约有100种，主要生长在热带、亚热带地区，我国南方产7种，是传统的中草药材和观赏植物。

北京分布极为普遍。生于路旁、田埂、山坡、林缘较为阴湿处。夏季开花，全草可以入药，具有清热、利尿和抗病毒的功效，也可作饲料。

北京常见

75

可爱的豌豆 | 鄢铃欣

7-9 年级组 ★★★★★

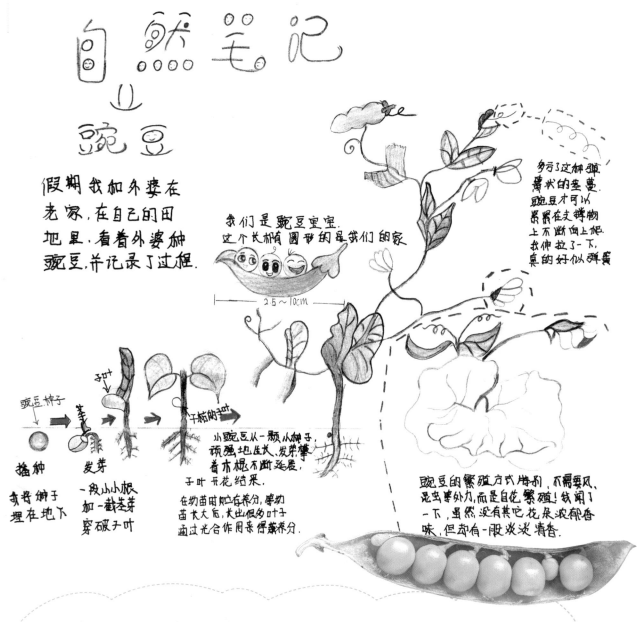

自然笔记

豌豆

假期我和外婆在老家，在自己的田地里，看着外婆种豌豆，并记录了过程。

我们是豌豆宝宝，这个长椭圆形的是我们的家

2.5～10cm

多亏了这种弹簧状的茎蔓，豌豆才可以攀附在支撑物上不断向上爬。我伸拉一下，真的好似弹簧

豌豆种子

播种
将种子埋在地下

发芽
一段小小根加一截茎芽穿破子叶

干枯的子叶

小豌豆从一颗小种子，顽强地生长、发芽攀着木棍不断延展，子叶开花结果。

在幼苗时贮存养分，幼苗长大后，长出很多叶子，通过光合作用来得藏养分。

豌豆的繁殖方式特别，不需要风、昆虫等外力，而是自花繁殖！我闻了一下，虽然没有其它花那浓郁香味，但却有一股淡淡清香。

豌豆原产西亚与地中海沿岸，我国早在汉代即已引种栽培。豌豆耐寒、耐旱，在豆类植物中较早成熟，因此广受欢迎。豌豆中有一类豆荚特别鲜嫩的品种，可以用来做菜，即"荷兰豆"。豌豆根系还与根菌共生，利用空气中的氮气合成氮肥，古人将豌豆种植在农田中，用来肥田，可以提高其他农作物的产量。

豌豆为引进的农作物，北京没有天然分布。

蒲公英（一） | 邢语芃

■ 1-3 年级组 ★★★★★

2018·5·5
我和妈妈去公园玩儿。
看到一片片铺的"大球球"一吹四处飞像一个小降落伞很好玩！妈妈告诉我这是蒲公英。它的用途可大了！它可以药用，可以食用呢！
哦，看，那个阿姨正在挖它呢！可妈妈说，我们要爱护大自然保护花草，不要破坏它们！

果实
花茎 空心
开花
真叶
生长
瘦果
种子
发芽
绒毛
子叶

我采回种子，种在土里，观察它，了解了它的一生。

蒲公英（*Taraxacum* spp.），是菊科、蒲公英属一大类植物的统称。全世界共有蒲公英2 500 多种，我国约有 116 种，其中 20 余种能进行药用。蒲公英具有广谱抑菌和明显的杀菌作用，是清热解毒、抗感染的良药，被誉为"天然抗生素"。此外，蒲公英还是一种优质的野菜，东北称为婆婆丁。体内含有丰富的维生素 C 与维生素 B_2，以及 17 种氨基酸，其中有7 种是人体无法合成，必须通过食物补充的"必需氨基酸"。

蒲公英为多年生草本植物，北京地区最为常见的野生植物之一。生于道旁、荒地、宅旁墙角。

植物类 ◎ 草本

蒲公英

地点：我家楼下斜坡拐角处
记录人：张欣怡
时间：9月20日
天气：晴

今天下楼时在楼下拐角处发现了几棵蒲公英。它生长在楼上空调水流过的有些泥土的地方，我感觉它们的生命力强大。

叶子：
叶子边缘是不均匀的齿状

时间：9月25日　天气：晴
蒲公英的叶是绿色的，边缘与其它树叶不太一样，它着像牙齿不均的的花边，听姥姥说，蒲公英的叶子可以泡茶喝，清热解毒。

花苞被绿色的花托着

花：
类似菊花，花瓣辛为多层。

种子：
随风飘新的地方生长

根：
叶柄和根部为紫红色

时间：9月30日
天气：晴
我看到有的蒲公英长出花苞，花苞的外皮是绿色的头上有一些黄色的花，有的已经开出了黄色的像小菊花一样有一层一层的花瓣辛的花。一阵风吹过，已经成熟的蒲公英跳起了优雅的舞蹈，去把希望的种子撒播。

蒲公英除了药用与有特点的果实之外，花也有自己的活动规律。它看似一朵花的金色"小脑袋"，其实是许多舌状小花和管状小花组成的。蒲公英开花期间，整个花序能根据气温和传粉昆虫的多少开闭。例如4～5月，气温较低，昆虫较少，花序通常在上午8点后才展开，下午3点就闭合；6月，气温升高，花序则在上午6点就展开，由于昆虫访问量大，传粉效果好，中午12点就早早闭合。这样聪明的做法，也让蒲公英更好地适应环境。

蒲公英为多年生草本植物，是北京地区最为常见的野生植物之一。生于道旁、荒地、宅旁墙角，全草可以入药，具有清热解毒的功效。同时，它也是常见的野菜之一。东北称为婆婆丁。

高原塔黄 | 王雨果

■ 4-6 年级组 ★★★★★

高原塔黄

2018年8月5日，到达西藏的第三天，高原反应终于离我而去，在西藏林芝的海拔4800米的流石滩上，我终于见到了高大挺立的塔黄，它身高1.8米，身上披着大片大片的"铠甲"，铠甲呈鹅黄色，但并不是花瓣儿，而是塔黄的苞片，你看，花果被包在里面，鹅黄色的苞片搭建了一个温暖的房子，为里面的花果遮风挡雨，花果们被好好的保护在里面，开花、结果，果实成熟后苞片自然脱落，干燥的小翅果随风飘飞，飞扬散落在广阔的流石滩缝隙里，等待着下一次萌发生长。

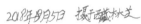
2018年8月5日 摄于西藏林芝

黄色：叶状苞片

绿色：果序

红色：苞片

王雨果

塔黄，蓼（liǎo）科大黄属多年生植物，生长在喜马拉雅山麓及云南西北部，分布于海拔 4 000 ～ 4 800 米的高山石滩及湿草地。塔黄在幼年时期，叶片贴地生长，躲避寒冷。成年后，茎秆快速生长，最高能达到 2 米左右，一次绚丽的开花、结果后，便枯萎死亡。塔黄是藏药的重要药材。

产于青藏高原、四川、云南等地。北京没有分布。

野草莓 | 于佳歆

■ 4-6 年级组 ★★★★★

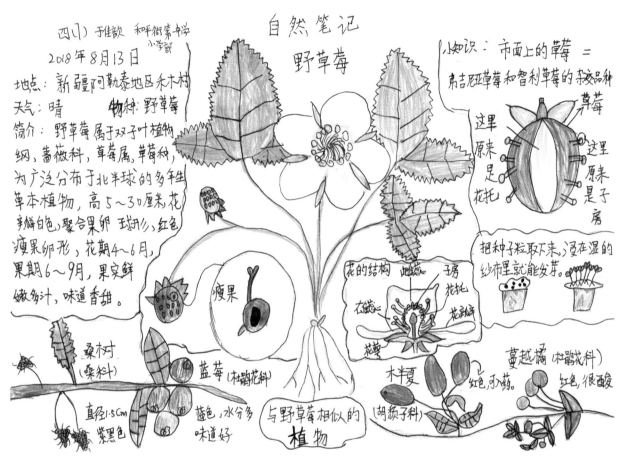

自然笔记
野草莓

四(1) 于佳歆 和呼街紫中学 小学部
2018年8月13日
地点：新疆阿勒泰地区禾木村
天气：晴　　物种：野草莓
简介：野草莓属于双子叶植物纲、蔷薇科、草莓属、草莓种，为广泛分布于北半球的多年生草本植物，高5～30厘米，花瓣鲜白色，聚合果卵球形，红色瘦果卵形，花期4～6月，果期6～9月，果实鲜嫩多汁，味道香甜。

小知识：市面上的草莓 = 弗吉尼亚草莓和智利草莓的杂交品种

这里原来是花托
这里原来是子房
草莓

把种子粒取下来，浸在湿的纱布里就能发芽。

瘦果

花的结构
雄蕊　子房
花托
花瓣
雌蕊
花萼

桑树（桑科）
蓝莓（杜鹃花科）
直径1.5cm
紫黑色
蓝色，水分多，味道好

与野草莓相似的植物

木半夏（胡颓子科）
红色，可食。

蔓越橘（杜鹃花科）
红色，很酸

草莓属植物分布于北半球温带，在亚洲和欧洲野外常见。我国约有 8 种野生草莓，分别为裂萼草莓、纤细草莓、西南草莓、黄毛草莓、西藏草莓、东方草莓、五叶草莓、野草莓，彼此之间的区别要点在于萼片、果实及花梗上的毛。草莓富含维生素 C，其含量比苹果高 11.7 倍，是等量葡萄的 10 倍，西瓜的 7.5 倍，柑橘的 2 ～ 3 倍，经常食用很有益于人体健康。

野草莓是一类植物的统称。北京地区的野草莓只有东方草莓一种。生长在海拔较高的林下，花白色，果实鲜红色，柔软而多汁。可食用或制作果酱。

北京可见

简单而美好的植物 | 陈子琪

三叶草

草绿

柠檬黄

时间：2018.8.27　天气：晴
地点：金尚家园小区
三叶草花语：代表"希望"代表"幸运"如果偶然处三叶草群中发现有四叶草，就能许3个愿望，很灵啊！
三叶草不怕炎热酷热，在我国有很大的用途，成片生存可以当做草坪装饰，正可以做堤岸防护草种。

别看起来小小的，却有特别大的作用。
颜色绿绿的，叶片成桃心状，到了开花的时候，会开出柠檬黄一样的小花。到了5～10月份还会结果。

　　三叶草，是多种植物的泛称。如白花车轴草、红花车轴草及酢（cù）浆草等的俗称都有三叶草之称。根据作者的描述，本作品中的三叶草为酢浆草科、酢浆草属多年生草本植物酢浆草。喜凉爽阴湿环境，夏季短暂休眠。

　　酢浆草，北京地区极其常见。生于路旁、草地、水边、宅旁、墙根处，开小黄花，花期很长，花、叶均有观赏价值，全草入药。

胡枝子

深绿

玫瑰红

熟褐色

青莲

时间：2018.8.29　天气：晴
地点：金尚家园小区后院。

分枝多片，有玫瑰红和紫色的枝叶
花冠为红紫色。荚果卵形，花期8月
果熟期9月-10月。叶子的样子像蝴蝶。

　　胡枝子，北京山区常见的灌木。生于山坡、山谷灌丛或林缘。夏季开花，耐寒性较强，为优质的保持水土植物。嫩枝及叶可作饲料，花为优质的蜜源，根可入药。

二月兰

黄光紫

柠檬黄醌+玫瑰红

淡草绿

时间：2018.4.15　天气：晴
地点：中鑫家园2期小区
二月兰又名诸葛菜，十字花诸葛菜，一年或二年生草本。
诸葛菜具有较强的繁殖能力，每一年的5～6月的时候种子就会落，成熟后就会落进土里，9月份就长出小苗！

高为10～50厘米，没有毛，茎非常单一，是直立的，叶子茎的颜色是浅浅的绿色，有的带点淡紫色，花瓣是淡淡的粉紫色，越往花瓣里越深，花蕾是深涧的紫色。

瓣瓣（花瓣）
越往外色越淡。

　　二月兰，北京地区极常见的野生植物。生于平地、宅旁或郊野公园内。全株既可观赏又可作为野菜食用。

植物类 ◎ 草本

野生向日葵

2018年8月20日星期一　晴　上午9:30

我们一行来到了内蒙古的一处葵花林。一大片一大片的向日葵组成了一片金黄的花海。其中的一朵冲着太阳扬起花瓣，开得正灿烂。它的花与叶都很完整，色彩鲜艳，中间果实还没完全成熟个头小小的惹人喜爱，这朵向日葵吸引住了我的眼球。

向日葵

向日葵，又名朝阳花，植物界本木贼门，一生年生草本，喜温又耐寒，原产北美洲，果期在8—9月。

花
果实
叶
茎
根

向趣公园的工作人员询问后得知，在18号的时候花儿们都还没有什么活力（几天不下雨），19号才恢复了一些生机，今天是这几天中开得最好的一天。

当天有一队旅游团经过，一个女子不慎走到了几朵花（向日葵）之间，走出来时踢了几脚向日葵，还用高跟鞋在花茎上碾了几下。

我认为，这种行为很过分。在扶起花之后，我在花茎上看到了一个深深的印子。

我也呼吁大家爱护花草，不论它是否濒危，是不是野生的，都绝不可以随意破坏，不然地球就会慢慢失去生机！

　　向日葵的花朵能追逐太阳，其主要原因是在它花盘下面的茎部含有"植物生长素"。这种植物生长素具有两个特点：一是背光性，一遇到光线照射，背光部分的生长素会比向光部分多；二是能刺激细胞的生长，加快分裂、繁殖。清晨，旭日东升，向日葵花盘下茎干里面的植物生长素集中在西边背光的一面，并且刺激背光一面的细胞迅速繁殖。于是，背光一面比向光一面生长得快，结果整个花盘朝着太阳方向弯曲。随着太阳在空中的移动，植物生长素在茎里也不断地背着阳光移动，像是和太阳捉迷藏一样。

　　向日葵为北京地区栽培农作物或园林观赏植物。郊区及各农业观赏区有栽培。种子是著名的油料原料，可榨油。

假龙头花 | 孙宇时

■ 7-9 年级组 ★★★★★

茎四棱形　穗状花序

边缘具锯齿

单叶对生

老根　新芽

可以靠根繁殖

假龙头花

观察时间：2018.8.19 15:40～16:17
观察地点：柳荫公园留春岛

雄蕊　花托
雌蕊
花瓣　萼片
唇形花冠
花浅粉色

改变花筒方向后，花筒不会自主恢复成原状。

假龙头，又名随意草，为冷凉型观赏植物。单朵小花开放可持续 2～7 天，气温高，开放快，凋谢也快，持续时间短；气温低，开放慢，凋谢也慢，持续时间长。假龙头的花序为穗状花序，花朵具有白、粉、红、紫红等多种颜色，在北京奥运会期间，假龙头大量用作夏季开花观赏植物，广泛种植在奥运场馆周边。

原产北美洲，北京常引种栽培。各公园广泛栽植。

北京常见

蒲公英成长笔记 | 毛沛辰

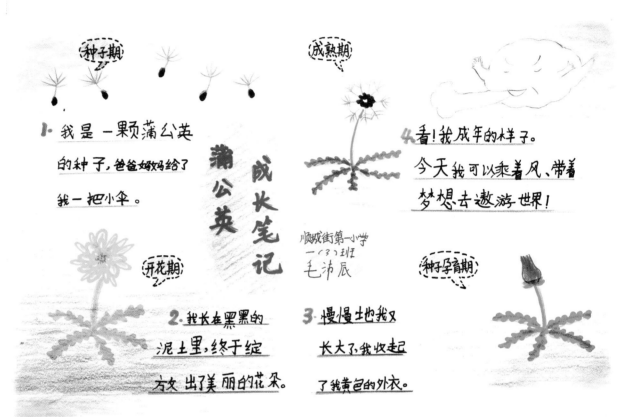

蒲公英 成长笔记

1. 我是一颗蒲公英的种子，爸爸妈妈给了我一把小伞。

2. 我长在黑黑的泥土里，终于绽放出了美丽的花朵。

3. 慢慢地我又长大了，我收起了我黄色的外衣。

4. 看！我成年的样子。今天我可以乘着风、带着梦想去遨游世界！

顺城街第一小学
一(3)班
毛沛辰

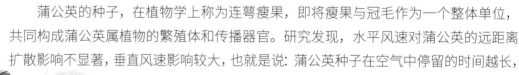

蒲公英的种子，在植物学上称为连萼瘦果，即将瘦果与冠毛作为一个整体单位，共同构成蒲公英属植物的繁殖体和传播器官。研究发现，水平风速对蒲公英的远距离扩散影响不显著，垂直风速影响较大，也就是说：蒲公英种子在空气中停留的时间越长，越能飞翔到遥远的地方。此外，不同种类的蒲公英由于具有不同的结构，飞行能力也有很大差别。

蒲公英为多年生草本植物，北京地区最为常见的野生植物之一。生于道旁、荒地、宅旁墙角，全草可以入药，具有清热解毒的功效。同时，它也是常见的野菜之一。东北称为婆婆丁。

龙葵 | 段霁桐

2018.10.5. 晴

龙葵
你知道吗！龙葵是可以吃的，
当龙葵变成黑紫色的时候就能吃了。
我真高兴呀！

八达山岭森林公园

龙葵（*Solanum nigrum*）是茄科一年生草本植物，果实成熟后黑紫色，含有高浓度的生物碱，常用作药用，食用应谨慎。近年来，我国科学家利用龙葵生长迅速，根系能大量吸收重金属的特点，通过种植龙葵修复矿山污染的土壤，取得了较好的成效。此外，龙葵果实中含有的高浓度花青素，也可用来提取天然色素。

北京各地区分布极为普遍，生于田边、荒地、路旁和村子附近。全株可入药，但未成熟的果实含有龙葵毒素，误食会出现中毒情况。成熟的果实可食用，但不宜食用过多。

紫花玉簪
它高达60~70cm。
它一般生长在树下，喜温暖、湿润性气候，颜色常为紫色和白色。

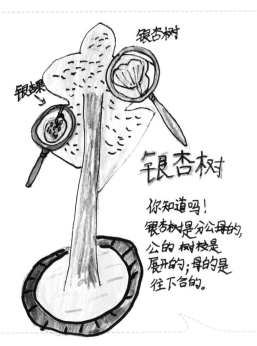

银杏树

银杏树

银螺

你知道吗！
银杏树是分公母的，
公的树枝是
展开的，母的是
往下合的。

玉簪（*Hosta* sp.）是百合科玉簪属一大类植物的统称，目前全世界共有玉簪品种4 000多个，是应用广泛的园林耐阴花卉。

紫花玉簪，一般园艺品种称为紫萼。为优质的喜阴观赏宿根花卉，北京各大城市公园中广泛栽植。

银杏为我国二级保护植物。原产于我国，现世界广泛栽植。银杏寿命长，果实和叶子具有药用价值。银杏还属于活化石，它曾与恐龙生于同一年代，至今存活在地球上的银杏科植物仅此一种。

金鸡菊 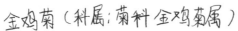 杨悦萱

1-3 年级组 ★★★★⋆

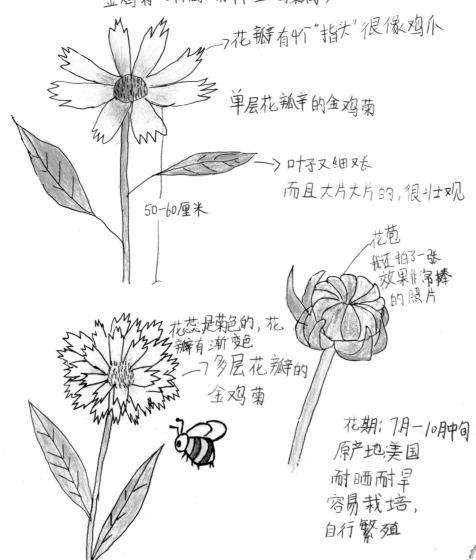

金鸡菊（科属：菊科金鸡菊属）

花瓣有朴"指头"很像鸡爪

单层花瓣辛的金鸡菊

叶子又细又长
而且大片大片的，很壮观

50-60厘米

花苞
我还拍了一张
效果非常棒
的照片

花蕊是紫色的，花瓣有渐变色
多层花瓣的金鸡菊

花期：7月-10月中旬
原产地美国
耐晒耐旱
容易栽培，
自行繁殖

金鸡菊是一种多年生植物，有红、黄两种花色，被称为两色金鸡菊。从北美洲引入我国后，主要用作园林观赏栽培，具有重瓣和单瓣两种花瓣类型，前者细腻优雅，后者朴实绚丽，都具有较高的观赏价值。金鸡菊花朵花蜜含量较高，在山东等地是良好的蜜源植物。其花朵中含有多种生物化学物质，也具有较好的药用价值前景。

原产美洲，现世界广泛栽植。北京各大公园常作为地被植物栽植。

狭叶沿阶草

| 陆佳琪

时间：2018年10月1日
地点 家里的小区
观察者：陆佳琪 二年级
狭叶沿阶草的叶子是细长的大多数都是长在山上的，一束花就10-40朵花，花是紫色的草比花要细一点它开花之前像喷泉一样开花之后是一束一束的花。它的花有五个花瓣开花的时间很长 春夏秋几个季节都会开花。

狭叶沿阶草

← 开花之后

狭叶沿阶草的花

↑ 开花之前

植物类◎草本

沿阶草，又名麦冬，是一类古老的园林绿化植物，属百合科、沿阶草属。古代，人们常在屋檐下种植沿阶草，这样屋檐上的水滴下来，刚好被青韭般的叶片接住，再滑到地上，不会砸得泥水四溅。种在路边的沿阶草也有类似功能，可以防止雨水溅起泥土，弄脏园路。现代园艺学家也喜欢种植沿阶草，因为它们能充分覆盖地面，减少水分蒸发，让园林更加节水。

沿阶草为著名的中药，具有生津解渴、润肺止咳的功效。由于沿阶草喜阴，可栽植于林下，北京各公园绿地常作为林下耐阴植物栽培。

北京常见

杂草也有价值

| 封雨萱

中秋节，天很蓝，我和妈妈到小公园选择一个植物做观察，最后选中了狗尾草，因为妈妈用狗尾草编的兔子很可爱。

时间：2018年9月2日
地点 小公园
天气：晴

狗尾草

一年生杂草，生于荒野、道旁，花果期5－10月。种子长在毛毛上，一小粒儿一小粒的可借风、流水传播。

杂草也有价值

秆、叶可作饲料

也可入药

能杀虫

编小兔 妈妈原草

狗尾草是一种常见杂草，其生长迅速，在缺水少肥的地方依旧茂盛葱茏。这主要是由于它的光合作用过程特殊，属于一群特定的植物类群，称为"碳四植物"。目前，全世界共发现了数千种碳四植物，它们共同的特点是：能更好地利用空气中的二氧化碳，在强光照及干旱条件下进行光合作用，因此生长较为迅速。

北京地区极其常见，分布于各区。路旁、山野、荒地、田边、河滩等均有分布，结籽数多，为优质牧草。

北京常见

神奇的鸭跖草 李伊曼

植物类 ◎ 草本

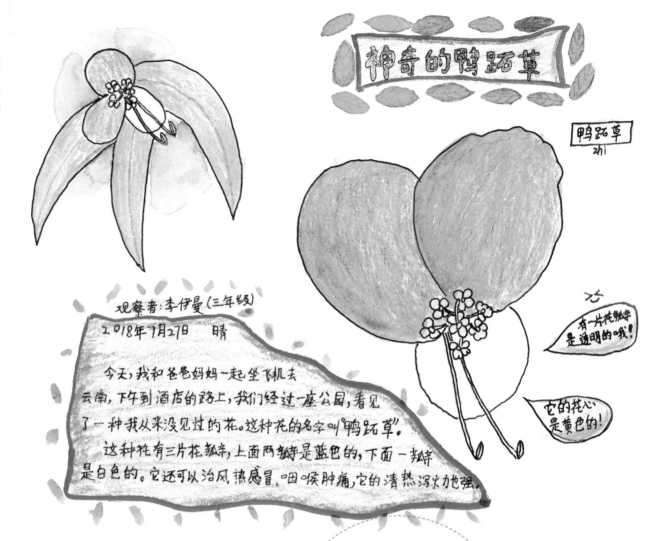

神奇的鸭跖草

鸭跖草
zhi

有一片花瓣儿
是透明的哦!

它的花心
是黄色的!

观察者:李伊曼(三年级)

2018年7月27日　晴

今天,我和爸爸妈妈一起坐飞机去云南,下午到酒店的路上,我们经过一座公园,看见了一种我从来没见过的花。这种花的名字叫"鸭跖草"。

这种花有三片花瓣,上面两瓣是蓝色的,下面一瓣是白色的。它还可以治风热感冒、咽喉肿痛,它的清热泻火力也强。

鸭跖草繁殖容易,生长迅速,是优良的盆栽及绿化植物。科学研究发现,鸭跖草还具有良好的净化空气能力。在甲醛浓度为 3～4 毫克/立方米的环境中,1 平方米鸭跖草叶片 12 小时能吸收甲醛 7.86 毫克。在工业区,种植鸭跖草也能净化空气中的二氧化硫。此外,鸭跖草耐阴性很强,能在树荫下生长,是一种良好的地被植物。

北京分布极为普遍。生于路旁、田埂、山坡、林缘较为阴湿处。夏季开花,全草可以入药,具有清热、利尿和抗病毒的功效,也可作饲料。

北京常见

雅致的狭叶沿阶草 | 田徐欣

❀ 时间：2018年9月12日星期三
❀ 地点：奥林匹克森林公园
❀ 天气：晴

今天放学后我到公园里玩，突然被一只草绊了一下，原来是一个长着一堆紫色花苞的植物，花苞就像一个个紫色的小锤子，以后谁不听话我就可以用小花苞捶一捶他了。

❀ 名字：狭叶沿阶草
❀ 科：麦冬科
❀ 颜色：多为紫色
❀ 叶子：细长，多

虽然名字很朴素，
但花朵却很精致。

北京罕见

　　沿阶草，又名麦冬，为百合科植物，地下有小块根，耐旱性很强，不需要频繁浇水。科学家们提倡在园林中用沿阶草部分代替草坪，可以节约大量水资源。沿阶草抵抗病虫害的能力也很出色，很少需要打药除虫，更加生态环保。沿阶草还是一种良好的固碳释氧植物，在生长季节，每平方米沿阶草叶片每天约能制造 3 000 毫升氧气。

　　沿阶草为著名的中药，具有生津解渴、润肺止咳的功效。由于沿阶草喜阴，可栽植于林下，北京各公园绿地常作为林下耐阴栽培。

百日菊 & 小松鼠 ┃ 沈靖杰

■ 4-6 年级组 ★★★★

利用尾巴保持平衡，毛色是黑色，尾巴很大。

我在小路边的树杈看到一只小松鼠站在枝头看我们，后来人多了，它就转身跑了。

10月2日 星期二 玉渡山
天气非常晴朗，蓝蓝的天空上几乎没有云彩。
温度：3℃—19℃
时间：11:08—16:21

花朵的直径约6cm，花瓣卓顶就全缘或者有齿裂，花瓣舌状，管状花一般是黄色，靠近花瓣一侧的一圈迷你小花，有五个毛笔尖的小花瓣，就是开放的管状花。

长约6cm

花苞外的苞片有一圈无效。

看不到叶柄，茎和叶摸起来都很粗糙，仔细看有一层细小的硬毛，叶子的形状接近卵圆形，全缘。

约7cm

忘忧湖边的山坡上盛开着一片百日菊，有红色的、黄色的、粉色的，桔色的……非常漂亮。

北京常见

百日菊，别名百日草，是一种既美丽又强健的植物，每年3～4月播种，2～3个月后就能开花。2016年，美国宇航员斯科特·凯利在国际空间站内，培育出第一株在太空开花的百日菊，被认为是人类在太空中培育的第一朵花。培育过程相当不容易，起初，百日菊无法吸收水分，大量水汽从植物叶片渗透出来。为了解决这个问题，宇航员调大了种植室中风扇的风速以吹干水分，结果因为效果太过强劲，两株百日菊脱水而亡。好在余下的两株长势良好并出现了花蕾，最终完全绽放。

原产于中北美洲，世界广泛栽植，北京各公园绿地有栽培。百日菊花期长，为优良的观赏植物。

向日葵（二）

弓欣语

■ 4-6 年级组 ★★★★☆

向日葵观察笔记

向日葵因为跟着太阳转而又名朝阳花，属向日葵族，一年生草本植物，对温度的适应性较强，植株高大，有 2.5～3.5 米呢！

向日葵代表着永不放弃，坚持不懈的精神。
在我的老家，有的小孩会唱："向日葵，花儿黄，朵朵花儿向太阳。"这首童谣。

叶脉←———

———→叶片

———→根茎

向日葵的叶子可为对生或互生，我观察到的是对生的叶子

在暑假的 8月2日，我和同学一起到八家郊野公园观察植物，十分幸运地看到了开花的向日葵！向日葵的叶子大小不一，上面的叶子也就是靠近花的叶子较小，而靠近根部的叶子较大。叶子上细细的叶脉很清晰地印在叶片上，显得有些可爱。大大的花朵长在那并不算太粗的茎，有些好笑。向日葵的花瓣细细的，尖尖的，花的中心已经结出了一些籽，可能是因为结出了一些籽后花朵太重，向日葵并没有向着太阳。

———→花瓣
花盘内部结出了一些籽

这是葵花籽，向日葵的种子。

向日葵据说是太阳的
sunflower 孩子，所以会跟着太阳转。

———→舌状花瓣

晴 ☀ 32℃
观察日期：2018.08.02
记录人：弓欣语
观察地点：
八家郊野公园

向日葵为菊科，属一年生草本植物，可分为观赏用品种和食用品种两大类型。前者较矮小，花朵美丽；后者植株高大，可达 2 米以上，结籽能力强。向日葵种子成熟后，形成两组螺旋线，一组顺时针方向盘绕，另一组则逆时针方向盘绕，并且彼此相嵌，每组不同方向的螺旋线数量，有 21、34、55、89，有的特别大的花序甚至会有 184 条螺旋线，每组数字都是斐波那契数列中相邻的两个数。斐波那契数列指的是这样一个数列：1、1、2、3、5、8、13、21……这个数列从第三项开始，每一项都等于前两项之和。随着数列项数的增加，前一项与后一项之比越来越逼近黄金分割的数值 0.6180339887……向日葵为何会形成这样的规律，至今仍是一个待解的谜团。

向日葵为北京地区栽培农作物或园林观赏植物。郊区及各农业观赏区有栽培。种子是著名的油料原料，可榨油。

益母草 | 付奕然

植物类 ◎ 草本

美丽的秋天 2018年10月6日星期六 晴

??? 这是什么花呢？让我来上网查一查。

益母草

花
花冠筒状
上唇倒卵形
下唇开展

实
果实为小坚果
熟为黑褐色
长圆状三棱形

叶
叶片青绿色
下部呈掌状
揉之叶有汁

一花 一名
益母草得名来自"其功宜于妇人"。

植物价值
全草入药，能治疗妇女月经不调、产后出血，胎动不安等症。

我的 收获
今天的八达岭森林公园之旅，让我认识了益母草，我的收获很很多，真开心。

　　益母草，唇形科益母草属草本植物。在沙地、灌丛、疏林和草甸等地都有生长。作为一种传统的中药材，益母草含有益母草碱、水苏碱、槲（hú）皮素、山奈（nài）素、延胡索酸等生物化学物质，具有抗心肌缺血、抗菌及镇痛抗炎作用。全世界益母草属植物约 20 种，中国分布 12 种。

　　北京地区常见。生于多种生境，山坡、道边、荒地等。益母草是著名的中药，夏秋季节开花，有一定观赏价值。

北京常见

牵牛花 | 佟佳颐

■ 4-6 年级组 ★★★★☆

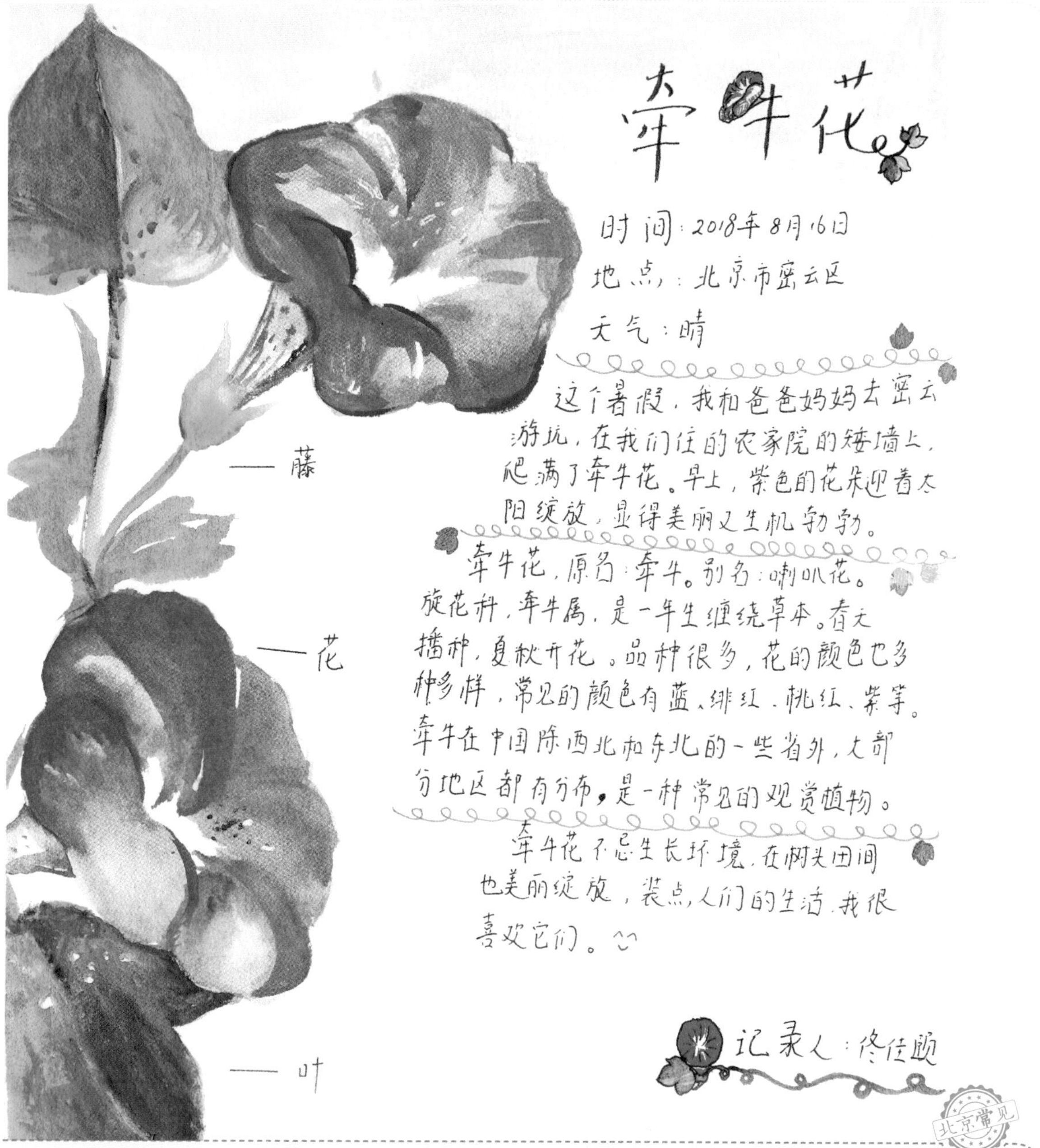
牵牛花
时间：2018年8月16日
地点：北京市密云区
天气：晴
这个暑假，我和爸爸妈妈去密云游玩，在我们住的农家院的矮墙上，爬满了牵牛花。早上，紫色的花朵迎着太阳绽放，显得美丽又生机勃勃。
牵牛花，原名：牵牛。别名：喇叭花。旋花科，牵牛属，是一年生缠绕草本。春天播种，夏秋开花。品种很多，花的颜色也多种多样，常见的颜色有蓝、绯红、桃红、紫等。牵牛在中国除西北和东北的一些省外，大部分地区都有分布，是一种常见的观赏植物。
牵牛花不忌生长环境，在树头田间也美丽绽放，装点人们的生活，我很喜欢它们。
藤
花
叶
记录人：佟佳颐
北京常见

牵牛花是一种美丽的观赏植物，俗称喇叭花，一年生缠绕性藤本植物。京剧大师梅兰芳就酷爱此花，亲手在庭院中种植。由于其花朵在白天盛开，因此在日语中又名“朝颜”。通过杂交育种，全世界已培育出成百上千个美丽的牵牛花品种，花形与花色极为丰富。另一种常见的观赏植物“矮牵牛”，与牵牛花并无亲缘关系，属于茄科、矮牵牛属植物，原产于美洲。

北京地区常见栽培，郊区县常为野生。种子可以入药，称为“黑、白丑”。花期较长，具有较高的观赏价值。

鸡冠花 | 芦凡迪

时间：2018年9月26日
地点：海棠公园
天气：晴 24℃
记录人：芦凡迪

鸡冠花

鸡冠花属于苋科植物，由于耐热并具有药用价值，所以世界各地广为栽培。

鸡冠花的品种、形状、颜色也多，形状有扇面状、羽毛状、鸡冠状等。颜色也分为紫色、白色、暗红色等10种左右。

从花朵整体看造型与鸡冠相像。

花朵呈玫红色

花瓣像一粒粒微小绒毛

叶面光滑

叶面呈深绿、灰棕色

2018年9月26日傍晚，我和爸爸走在公园的小径散步，突然，我被不远处草丛里一簇簇的红色"毛球"所吸引。后经仔细观察及查百度百科对这株花有了更深的了解。

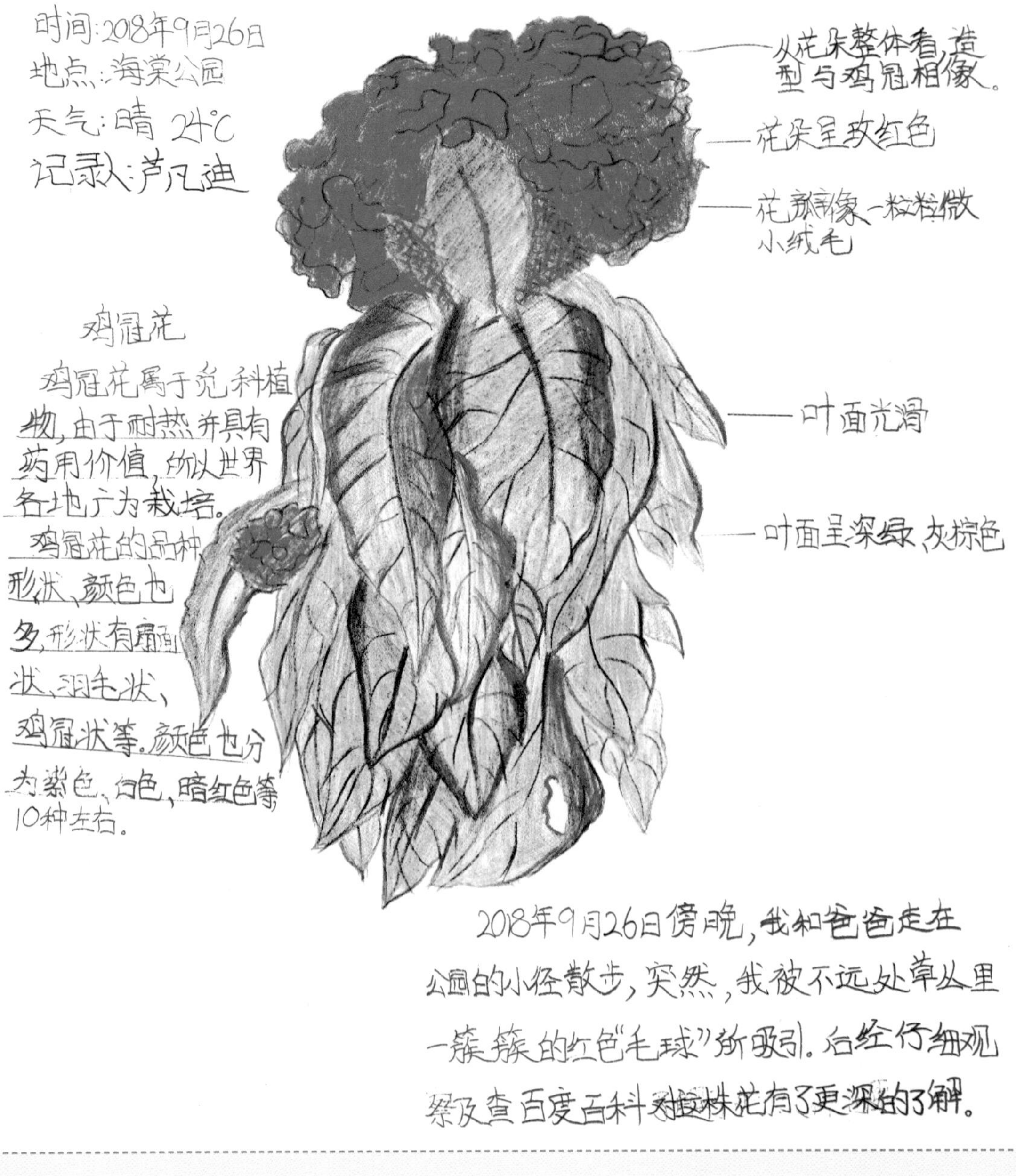

鸡冠花为著名的一年生草本花卉，按照花冠形态可以分为子母鸡冠花、普通鸡冠花、圆绒鸡冠花和凤尾鸡冠花4种类型。本作品中绘制的，就是花冠为肉质大花序的圆绒鸡冠花。鸡冠花是典型的长日照花卉，喜强光照，不宜种植在隐蔽的环境，通常在秋天盛开。

原产于印度，北京广为栽培。花序酷似鸡冠子而得名。种子可以入药，具有止血、凉血和止泻的功效。

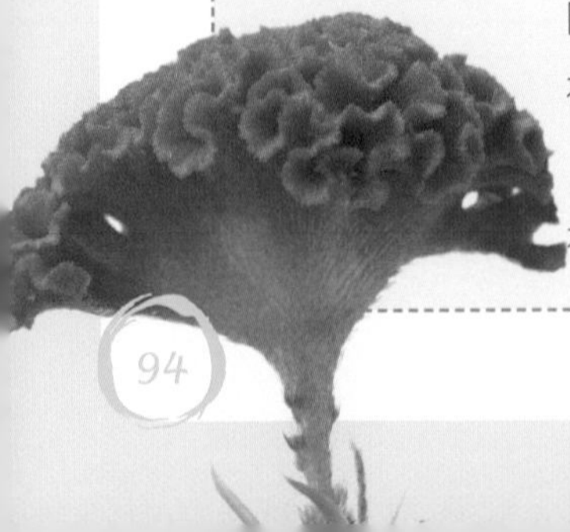

桔梗 孟滢

桔梗
——纤纤五角星，悠悠年少心

2018年8月6日 晴 小区花坛中

漫步小区花坛，一簇簇紫色引起了我的注意，凑近观察，那是一朵朵小花。这种花有五个花瓣，呈暗紫色，花瓣上密布着条纹，由中心的花蕊向四周呈辐射状排布。它们的花蕊是乳白色的，呈爪状，位于花的中央。通过查询资料得知这些小花叫桔梗，花语为永恒的爱。

桔梗的茎很细，茎上排布着叶子，叶子的边沿像一行小锯齿。叶子为轮生，整整齐齐地排布在直立着的茎上。

一株株桔梗你碰着我，我挨着你，生长得十分密，展现出勃勃生机，给人清新活泼的气息。

桔梗为桔梗科桔梗属多年生草本植物。其花苞如一个蓝色的小球，因此又称为气球花、僧帽花、道拉吉。桔梗是中国产量较高的四十种中草药之一，自古便是治疗呼吸道疾病的特效药。"小儿止咳糖浆"风靡世界，就是沿用中国古老的"甘桔汤"，只含两味中药：甘草与桔梗。甘草可以润喉，而桔梗能直接作用于中枢神经，止住咳嗽，同时它还能杀死疾病的罪魁祸首——细菌，其杀菌能力与阿司匹林不相上下。

北京山区中高海拔有分布，公园内亦有栽培。

北京常见

牵牛花成长记 | 周思羽

植物类◎草本

种出一架美丽的牵牛花，关键步骤是：摘心。当牵牛花的幼苗长出 3 ～ 4 枚叶片后，中心开始生蔓，这时应将顶芽剪掉，第一次摘心。此后，叶腋间又生枝蔓，每根新枝长出 3 ～ 4 枚叶片后，第二次摘心。两次摘心后，都要施入有机肥。这样种植的牵牛花才能枝繁叶茂，开花繁盛。

牵牛花，俗称喇叭花，一年生缠绕性藤本植物。原产美洲，北京地区常见栽培，郊区县常为野生。种子可以入药，称为"黑、白丑"。花期较长，具有较高的观赏价值。

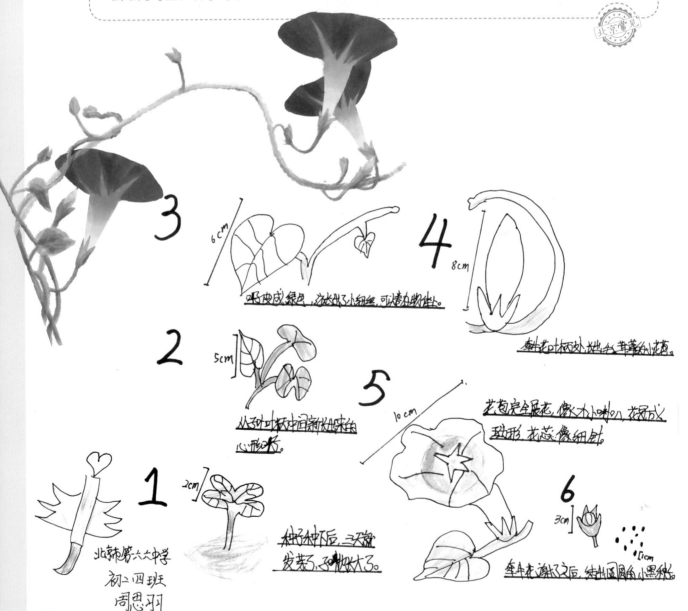

3

6cm 吸收成绿色，沉水处了小细丝，可缠为物体上。

4 8cm 牵牛叶柄处,地长出芽萌小花苞。

2 5cm 从剩叶获中间新长来的心形来。

5 10cm 花苞完全展花，像水小喇叭。花展成喇形，花蕊像细针。

1 2cm 种子种后，三天就发芽了，子机状了。
北韩第六大中学 初二四班 周思羽

6 3cm 牵牛花谢了之后，结出圆的小黑种。

豌豆 | 张文琪

■ 7-9 年级组 ★★★★☆

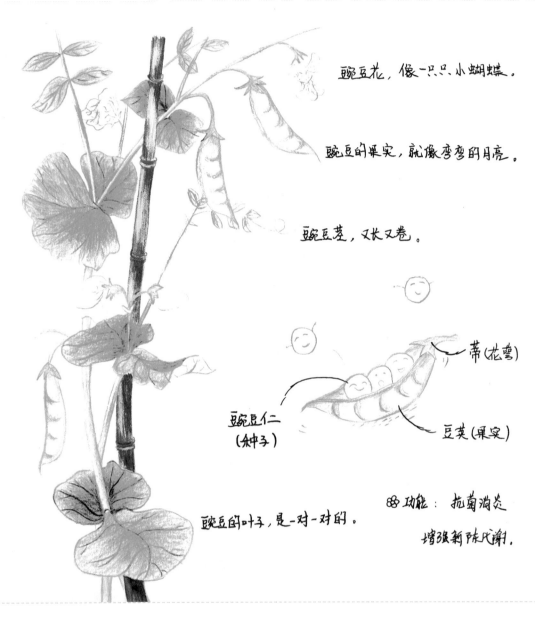

豌豆花，像一只只小蝴蝶。

豌豆的果实，就像弯弯的月亮。

豌豆茎，又长又卷。

蒂（花萼）

豌豆仁
（种子）

豆荚（果实）

豌豆的叶子，是一对一对的。

❀ 功能：抗菌消炎
增强新陈代谢。

豌豆不仅美味，还在现代生物学中起到举足轻重的作用。19 世纪，欧洲科学家孟德尔认为，豌豆具有几个重要特征：第一，豌豆是一种严格的自花传粉的植物，它的雄蕊被花瓣包围，将外来的花粉拒之门外，这样就能保证遗传育种试验的严谨；第二，豌豆容易栽培，而且生长期短；第三，豌豆具有各种容易辨识的形态。经过多年试验，孟德尔终于从豌豆杂交试验中发现了遗传学三大基本规律中的两个，分别为分离规律及自由组合规律，打开了现代生物学发展的大门。

豌豆为引进的农作物，北京没有天然分布。

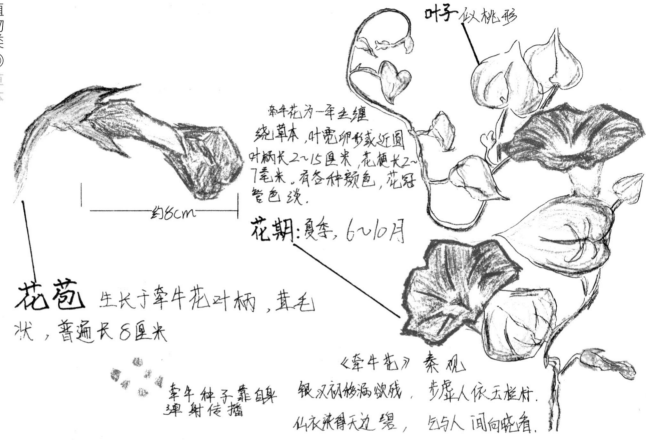

叶子 似桃形

牵牛花为一年生缠绕草本,叶宽卵形或近圆叶柄长2~15厘米,花梗长2~7毫米。有各种颜色,花冠管色淡.

花期:夏秋,6~10月

花苞 生长于牵牛花叶柄,茸毛状,普遍长8厘米

约8cm

牵牛种子靠自身弹射传播

《牵牛花》秦观

银汉初移漏欲残, 步虚人依玉栏杆.

仙衣染得天边碧, 乞与人间向晓看.

牵牛花,俗称喇叭花,一年生缠绕性藤本植物。种子常为黑色,卵状三棱形,有毒,又名丑牛子、黑丑。动物和人大量食用后,会出现呕吐、腹泻的症状。我国动物园就曾出现长颈鹿误食牵牛花种子发生中毒的现象。但在中药中,人们也利用这个特性,清除体内的蛔虫、绦虫等寄生虫。

原产美洲,北京地区常见栽培,郊区县常为野生。种子可以入药,称为"黑、白丑"。花期较长,具有较高的观赏价值。

北京常见

顽强的生命之花 —— 牵牛花 | 刘雨茗

■ 7-9年级组 ★★★★✦

2018 年 8月 22日

晴

（小区楼下的墙角）

茎很长
大概3~4米 ←

茎上也有
柔毛。←

刘雨茗
2018年8月22日

→ 花的形状像喇叭。

喇叭花，又名牵牛花，为旋花科牵牛属一年生蔓性缠绕草本花卉，花的形状很像喇叭。蔓生茎细长约3~4米长。花的颜色鲜艳，主要为蓝、紫、绯红。蒴果球形。

→ 喇叭花的叶子近圆形和三角形，叶面有柔毛。

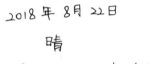

多数牵牛花茎都向左旋转缠绕而上，即反时针旋转，这种独特的现象在科学中称为"手性"。许多攀援植物都具有固定的"手性"，似乎天生就认准一个方向。有一种解释认为，亿万年以前，有两种攀援植物的始祖，一种生长在南半球，一种生长在北半球。为了与太阳起落的方向一致，其养成了固定的旋转方向，沉淀在 DNA 中。知道手性的规律，有助于我们更好地给牵牛花设立支架，切记与其旋转方向一致，则茎秆缠绕更加结实。

牵牛花，俗称喇叭花，一年生缠绕性藤本植物。原产美洲，北京地区常见栽培，郊区县常为野生。种子可以入药，称为"黑、白丑"。花期较长，具有较高的观赏价值。

北京常见

野山楂和鸭跖草 | 曹文函

▶ 植物类 ◎ 乔木

鸭跖草,北京分布极为普遍。生于路旁、田埂、山坡、林缘较为阴湿处。夏季开花,全草可以入药,具有清热、利尿和抗病毒的功效,也可作饲料。

山楂,北京西北部山区有野生,各公园、果园、小区有栽培,相当常见。开花浓密,观赏价值较高,果实味酸,可做果酱或蜜饯。果干后入药,有健脾消积的功效。

2018年9月10日 晴天

鸭跖草 (zhi)

有两片花瓣是透明的!

在放学路上,我遇到了一株非常漂亮的紫色小花,它的两个淡紫色的花瓣特像米老鼠的耳朵一样小巧可爱。

好多虫子咬的洞!

2017年 10月3日 晴天

白色的山楂花散发出了淡淡的芳香~

山楂花 and 山楂果

在昆虫博物馆的台阶上,我发现了几棵野山楂树,我尝试吃几颗,发现非常的酸,这就是野山楂呀!

山楂是起源于中国的一种古老树种,至今已有 2 500 年左右的栽培历史。清末至民国时期,食用山楂蔚然成风。大山楂丸、山楂干片、金糕、水晶山楂糕等食品成为人们休闲娱乐时必备的零食,山楂也因此有了"戏果"的别名。山楂含钙量列居水果之首,适合儿童补钙需要。科学研究发现,含有多种黄酮苷、多聚黄烷等,有助于心血管疾病的辅助治疗。

银杏之秋之约 | 赵子怡

银杏

叶子呈扇形，长3~12cm，宽5~15cm。摸上去软软的像布，浅黄绿色。

黄绿色

叶柄长2~8cm

银杏果外面有层软软的果皮，有明显的臭味。

银杏果又称白果 银杏果不可以多吃 生食5到10粒就会引起中毒 需要炒熟食用。有药用。

时间：2018年10月3日
地点：奥林匹克森林公园
天气：晴 11℃—25℃

自然笔记

一群麻雀在坪上寻找食物，麻雀喜欢在一块儿，有时候五六只，有时候十几只。它们一起觅食。

腿爪比较小但三前一后能抓握 嘴尖但不是很锋利 赵子怡 一年级 八班 天通苑小学

植物类 ◎ 乔木

北京常见

　　银杏（*Ginkgo biloba*）是原产我国的古老孑遗植物，也是裸子植物中很有名气的一员。所谓的"果实"其实是它的种子，最外层一圈又厚又软的种皮具有臭味，为驱赶昆虫和鸟类啄食，外种皮里含有大量脂肪酸和杀虫毒素，不仅能散发出高浓度的臭味，还能直接杀死昆虫。我国部分地区就有用银杏外果皮配置土农药，杀死农业害虫的经验。

　　银杏为我国二级保护植物。原产于我国，现世界广泛栽植。银杏寿命长，果实和叶子具有药用价值。银杏还属于活化石，它曾与恐龙生于同一年代，至今存活在地球上的银杏科植物仅此一种。

气生根的观察与了解 | 李仲涵

■ 4-6 年级组 ★★★★★

时间：8月5日下午4点30分
地点：小区门外

我背着书包去上暑期班，看到路边的柳树的主干上，距离地面约半米的距离，有一排排红色的东西，蹲下身仔细观察，这些红色的东西是由一根根直径1毫米左右，长度5毫米以内，圆柱形的自上而下排列成形，一动不动，于是我就排除了小虫子的可能。轻轻触碰，硬硬的。一路观察了这条街的柳树，有七、八棵树都有这种红色的东西，而且都长在柳树主干上，最高的在1米的位置，其他的地方一点也没有。于是妈妈帮我拍摄下来，下课后在网上进行搜索，得出结论：这是柳树的气生根。

这些是柳树的气生根，对柳树本身没有什么好处，由于不能扎到土里，只会白白消耗柳树本身的养分。产生这个的原因是前几天持续下雨，根部吸收不畅，天气湿润，导致柳树气生根的生长。

几天后，我再看这些柳树，红色的气生根不见了，恢复原样。

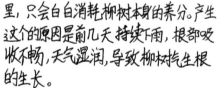

　　柳树扦插，容易生根，俗话说"有心栽花花不开，无心插柳柳成荫"。其原因是柳树枝条与树干里都有一种特殊的组织：根原始体。它们藏在枝条里，本质就是幼嫩的根。柳树生长在水边，一旦被水淹没，枝条与树干中的根原始体就会长成新根，即使土壤中的根系完全腐烂也能存活。本作品中作者发现，在潮湿环境中树干萌发的气生根，也是同理，这是柳树适应生存环境的特殊结构。

　　柳树，为杨柳科植物柳属植物的统称。北京常见的有旱柳、垂柳等。姿态优美、生长速度较快，生命力顽强，各公园、绿地常见栽培。

植物活化石

祝辰熙

■ 1-3 年级组 ★★★★✦

时间：2018年10月5日

地点：奥林匹克森林公园

天气：晴

今天是国庆长假第五天，我们一家来到奥林匹克森林公园玩。在园区大门口，我看到了许多银杏树。

银杏，为银杏属落叶乔木。树皮灰褐色，很粗糙。叶子有细长的叶柄，呈扇形，两面绿色。种子有长梗，下垂，椭圆形。银杏种子俗称白果。外种皮肉质，黄色。中种皮骨质，白色。内种皮膜质，淡棕色。胚乳肉质，黄绿色，味道微甘，略带苦涩，有毒。

木直

牛勾

活化石

外种皮

中种皮

胚乳

内种皮

银杏，叶片中含有银杏黄酮与银杏内酯——既是保护人类心脏、大脑和血管的特效药，还能保护大脑神经，显著提高记忆力。1965年，德国施瓦泽博士第一次推出银杏叶提取物制成的药物，当年在德国的销售额就达600万马克。1975年，法国公司开发出类似的银杏药物，当年销售额达到6 000万美元。如今，中国、日本、韩国、法国、德国甚至美国都建立了巨大的银杏种植园，每年生产十几万吨银杏叶，拯救千千万万人的生命。

身边的朋友 —— 银杏树 | 汤博尊

植物类 ◎ 乔木

时间：2018、10.6下午
地点：小区内
天气：晴

观察人：汤博尊

裸子植物，没有真正的花，有球花，簇生花穗状，4月开花，花为黄绿色。

→ 叶子有毒性，加工后有药用价值。

杏仁扁扁球形，淡黄色，味苦，有药用价值。

果实10月成熟，长2~3cm，长梗下垂，近圆球形，黄色。

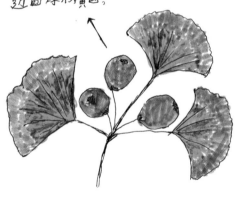

→ 叶互生，有细长的叶柄，扇形，叶子为淡绿色，秋天变黄色，有观赏价值。

→ 银杏树喜光植物，落叶大乔木，树皮灰褐色，粗糙，此树生长较慢，寿命长。

银杏生长缓慢，因此又被称为"爷孙树"，但却是生物界中最长寿的物种之一。科学家们研究发现，乌龟的寿命不会超过200年，普通树木的寿命不会超过400年，而银杏的寿命能长达2000年。银杏木材质量也很细腻，我国元代用其制作官员朝时的笏板。我国古代用银杏种子治疗咳嗽等呼吸系统疾病，每天饭后嚼一粒，用来治疗儿童的蛀牙。

北京常见

松树 | 许家瑞

■ 4-6 年级组 ★★★★✦

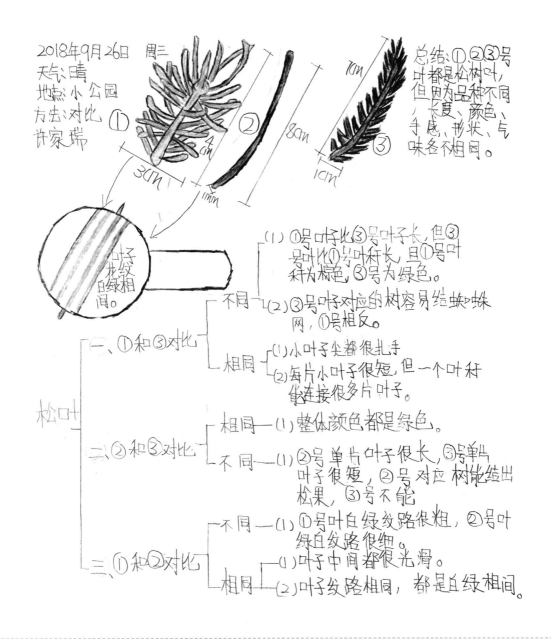

2018年9月26日 周三
天气：晴
地点：小公园
方法：对比 ①
许家瑞

②

③

8cm
4cm
3cm
1mm
1cm
1cm

叶子花纹白绿相间。

总结：①②③号叶都是松树叶，但因为品种不同长度、颜色、手感、形状、气味各不相同。

松叶

一、①和③对比
　不同
　　(1) ①号叶子比③号叶子长，但③号叶比①号叶杆长，且①号叶杆为棕色，③号为绿色。
　　(2) ③号叶对应的树容易结蜘蛛网，①号相反。
　相同
　　(1) 小叶子尖都很扎手
　　(2) 每片小叶子很短，但一个叶杆上连接很多片叶子。

二、②和③对比
　相同—(1) 整体颜色都是绿色。
　不同—(1) ②号单片叶子很长，③号单片叶子很短，②号对应树能结出松果，③号不能

三、①和②对比
　不同—(1) ①号叶白绿纹路很粗，②号叶绿白纹路很细。
　相同
　　(1) 叶子中间都很光滑。
　　(2) 叶子纹路相同，都是白绿相间。

　　本作品中出现的三种叶片，均为裸子植物的叶片，但并不都是松叶。叶片1，应为松科、云杉或冷杉属植物的叶片，其特点是叶片线形，呈四棱状或扁平，不成束，螺旋排列在枝头。本类植物是我国高山森林的重要组成部分。叶片2，应为松科、松属植物叶片，其针叶修长，成束，与叶片1一样，叶片上具有"白纹"，学名为：气孔线。叶片3，特征绘制不清晰，暂无法做出准确判断。

银杏

赵一能

■ 4-6 年级组 ★★★★☆

▶ 植物类 ◎ 乔木

白果

又到了黄叶飞舞的季节，自然少不了去地坛去看银杏叶，银杏树的果实——白果，有许多都掉在了地上，气味十分难闻，但却有许多人像捡宝似地捡百果。我十分不解。

观察时间：九月三十日
地点：地坛公园
天气：晴
记录人：赵一能

之后，我在书中查到白果是一味中药，有敛肺定喘、止带，主治咳嗽咳痰、无名肿毒，还能治癣尼泼病·痤疮……虽然它气味难闻，但可以治病，这味药让我知道了，不能以"味取人。

银杏树形优美，叶片形态独特，是特产于我国的优良树种。我国自古便有食用白果的传统，《宋史》记载，宋朝皇帝在除夕夜要一边吃炒银杏、炒榛子，一边观看曲艺表演。但银杏种子中含有大量的白果酸和其他多种银杏酚酸类物质，总称为银杏酸，具有毒性；还含有微量的氰化物，也具有一定毒性。因此，食用银杏必须煮熟或炒熟，且不能多吃，避免中毒。

山楂树 | 赵子馨

■ 4-6 年级组 ★★★★✦

山楂树

时间：10月3日
地点：白洋淀小花园
天气：晴
记录人：赵子馨

今天是国庆假期，我们一家在白洋淀的小花园里观察山楂树。山楂树属于落叶小乔木，叶片长2~6cm，成三角状卵形至棱状卵形。树上的山楂已经成熟了，鲜红的果实非常诱人。果实球形，深红色，有小斑点，果期9~10月。果实质硬，果肉薄，味微酸涩。

我发现：越靠上的山楂越大、红、丰满。原来，靠上的位置更接近阳光，得到了充足的阳光，山楂才能长得好。

山楂又名山里红、红果、绿梨。主要分布山东、河南、河北等地。山楂属于植物界，蔷薇科，山楂属，落叶乔木种。山楂可以吃，也可以入药。山楂具有消积化滞、收敛止痢、活血化淤等功效。

山楂为蔷薇科山楂属木本植物，是一种重要的果树。果实近球形，深红色，外果皮上有浅色斑点，小核3～5个紧密围成一个圈，敲开小核，经常是空的，无胚，这是因为山楂在开花期间，未经有效传粉受精即开始结果，具有罕见的"单性结实现象"。这种现象一方面与环境影响有关，另一方面与山楂花粉和子房的独特结构有关，具有一定的科研育种价值。

山楂，北京西北部山区有野生，各公园、果园、小区有栽培，相当常见。开花浓密，观赏价值较高，果实味酸，可做果酱或蜜饯。果干后入药，有健脾消积的功效。

自然笔记之树叶篇 ｜张雪萌

■ 4-6 年级组 ★★★★✰

榆树的叶子

叶缘处成锯齿状，一个大锯齿，后面有一个小锯齿。叶脉是属于平行脉。叶子的颜色比较深，偏橄榄绿色。

自然笔记
之
树叶篇
班级：五(1)
学号：32
姓名：张雪萌

桃树的叶子

叶子的边缘有比较割手的锋利的小锯齿。叶子的颜色比上一片叶子的颜色淡一点有一点发黄。叶子的叶脉 我觉得是弧形脉。

二球悬铃木的叶子

这片树叶边缘与上两片的边缘不太一样，这片树叶边缘没有锯齿，非常顺。叶是墨绿色。叶脉是掌状脉。

时间：
2018年10月10日
地点：
北京市朝阳区北苑家园茉莉园，小区楼下捡的树叶带回家观察的。
观察方式：
在电灯下，拿放大镜观察。

本幅作品中的三种叶片，均有自己的特点。榆树的叶片边缘具有细锯齿，嫩叶中含有丰富的营养物质，是优良的动物饲料。老叶中含有一定量的杀虫物质，可以用来配置土农药。桃树叶片为披针形，叶片上常具有腺体。悬铃木的叶柄内部，藏着来年的芽，这种特殊的结构，称为"叶柄下芽"，是植物保护幼嫩组织的一种特殊方式。

榆树是北京最为常见的树种之一。榆树比较嫩的种子被称为榆钱，可以食用。木材可以做家具。

桃树作为常见的水果及观花植物在北京广为栽植。

悬铃木为世界著名的行道树及庭荫树。在北京广泛栽培。

记录胡杨树 | 李明洋

7-9 年级组 ★★★★✦

胡杨树

这些叶子来自轮台胡杨林。它们离开那天是 2018年8月2日, 天气很好.

一棵胡杨树有3种不同形状的叶子.

像
胡杨树看起来饱经风霜的老人.
非常沧桑.

胡杨树生活在干旱的地方,秋天时叶子会变成金黄色.

胡杨树一旦种活就一千年不死,死后一千年不倒,倒后一千年不朽.

一些胡杨树的树皮都脱落了,好像经历过什么事情一样.

和胡杨树一起生活在大戈壁上的植物还有红柳,沙枣树,骆驼草,还有些小虫子也生活在戈壁滩上.

长在低处的叶片

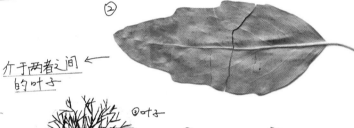

介于两者之间的叶子

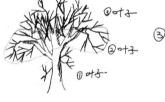

③叶子
②叶子
①叶子

③

长在高处的叶子

胡杨是杨柳科杨属植物，为荒漠地区特有的珍贵河岸林树种，是我国首批确定的珍稀濒危植物中的渐危种之一。胡杨还被称为"变叶杨"，因为它有三种形态的叶片，第一种是披针形叶，其着生的枝条较细，节间较长；第二种是宽卵形叶，其着生枝条较粗，节间较短；第三种是过渡形叶，介于两者之间。 值得一提的是，胡杨叶的形状是早已决定的，而不是后天发育中逐渐形成的。不管是宽卵形还是披针形，其长和宽都成比例增长，叶在长大的过程中保持形状不变。

胡杨在北京没有天然分布。

关爱野生动植物 | 张诗语

"关爱野生动植物
营造美丽家园"

2018
爱绿一起
自然笔记

爬山虎

观察时间：7月16日 16:00

地点：小区花园　天气：晴

爬山虎，常见攀缘在墙壁
岩石上。属多年生大型落叶本
质藤本植物，形态与野葡萄藤相
似。表皮有皮孔。枝条粗壮，老枝
灰褐色，幼枝紫红色。枝上有卷须，
卷须短，多分枝，卷须顶端及尖端
有粘性吸盘，遇到物体便吸附
在上面，无论是岩石、墙壁或是树
木，均能吸附。叶互生，边缘有粗锯齿，
叶片及叶脉对称，叶背叶脉处有柔毛，秋季
变为鲜红色。爬山虎适应性强，喜阴湿
环境，但不怕强光，耐寒，耐旱。

边缘有
粗锯齿

有柔毛

小叶
肥厚

叶脉
对称

正面

爬山虎
的叶

背面

作品中的植物为五叶地锦，葡萄科、爬山虎属植物，原产于北美洲。其叶片为掌状复叶，具 5 小叶，而我国原产的爬山虎叶片为单叶，前端具分叉。五叶地锦是优良的攀缘绿化植物，科学研究发现，用它来覆盖墙体，可以通过其叶片的蒸腾作用，使周围 1 000 立方米空气温度下降约 0.63℃，在炎炎夏日里，可以节约宝贵的电能，很多高层建筑外种植五叶地锦除了绿化效果美之外，还可以节约能源。

五叶地锦，又称美国地锦，为优良的攀缘植物，秋季叶色变红，具有较高的观赏价值。北京各区常作为垂直绿化的先锋植物进行栽培。

金银木 | 王子奕

生物自然笔记

金银木

时间：2018年10月6日 星期六
天气：晴朗，有风
地点：南馆公园

今天天气很好，虽然有风，但空气很清新，所以，在大概11:00，比较暖和的时候，我来到了南馆公园散步。这里有很多植物，树木都是充满生机的绿色，让人心情愉悦，走着走着，我发现了一株不大一样的植物。

这株植物与众不同的地方在于它的绿叶上有这些红色的果实。一下就吸引了我前去观察。
走近一看，这株植物并不是大型树木，是小型的木种，映着阳光还能反射一些金光很好看。树叶是椭圆形的，大概3厘米吧，呈一束一束的，尖端有红色的果实。

果实有成熟度不同的三种。一种是刚刚结成的，鲜红色，有汁水，很鲜艳很诱人。另一种是成熟一段时间的，颜色较暗，也没有汁液。还有的就是时间更久的了。

回家查找了一下，叫做金银木又名忍冬，可药用。

金银木，夏季开花，花冠初开为白色，后变成黄色，由于开放时间不一致，满树花朵看起来白黄相间，故名金银木。同为忍冬科植物，还有一种常见植物名叫"金银花"，为攀缘藤本植物，与灌木金银木不同。金银木花朵繁盛，是良好的蜜源植物。其果实红艳可人，经冬不凋，但并不能食用，误食可能导致身体不适。

金银木由于其花刚开的时候为白色，后逐渐变黄，往往一个树枝上出现两种颜色的花，故名金银木。金银木为优良的观花灌木，习性较耐阴，北京各个公园、居住区、单位庭院广泛栽植。果实鲜红，亦有观赏价值，同时也是冬季鸟类喜食的树种。

自然笔记 | 甘润馨

▶ 植物类 ◎ 灌木

时间：2018. 8. 17.
地点：二道白河镇，中华秋沙鸭公园。

在北京还是盛夏，长白山的天气已经开始转凉，很遗憾的是并没有看到中华秋沙鸭，不过绿头鸭也很愿呢，看到人就凑过来了，应该来了很多年了，知道来人都是来投食的。

垂柳
长得很茂盛

东北杏
蒋产植物

琼花 忍冬科（金银花的亲戚呢）

绿头鸭
以雌性居多
不怕人

花为白色
由外圈的大花加
内圈的小花组成
外圈大花无花蕊

作品为五福花科荚蒾 (jiá mí) 属灌木，其花为复聚伞花序，周围是大的不孕花，中央则为小的两性花。琼花为扬州市花，昆山三宝之一。自古以来有"维扬一株花，四海无同类"的美誉。但历史记载的"琼花"，是否就是如今的琼花，还存在着争议，需要文史学家与植物学家共同研究。

鸡树条荚蒾，也称天目琼花。北京各大公园有栽培，北京怀柔喇叭沟门、密云等山区县有野生分布。

其他类

青苔观察日记 | 李纪然

其他类◎苔藓

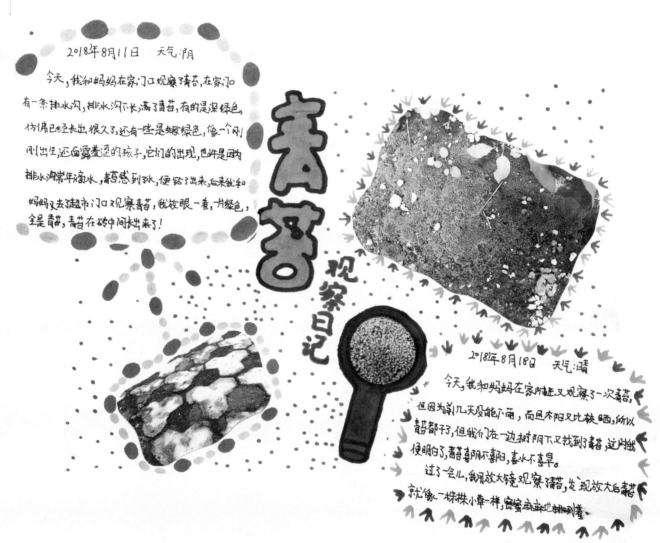

2018年8月11日　天气:阴

今天，我和妈妈在家门口观察了青苔，在家门口有一条排水沟，排水沟不长满了青苔，有的是深绿色，仿佛已经长出来很久了，还有一些是嫩绿色，像一个刚刚出生，还面露羞涩的孩子，它们的出现，也许是因为排水沟常年滴水，青苔感到渴，便钻了出来，后来我和妈妈又去了超市门口观察青苔，我放眼一看，一片绿色，全是青苔，青苔在砖中间长出来了！

青苔 观察日记

2018年8月18日　天气:晴

今天，我和妈妈在家附近又观察了一次青苔，但因为前几天没能下雨，而且太阳又比较晒，所以青苔都干了，但我们在一边树阴下又找到了青苔，这时我便明白了，青苔喜阴不喜阳，喜水不喜旱。

过了一会儿，我用放大镜观察青苔，发现放大后青苔就像一株株小草一样，密密麻麻地排列着。

苔藓，是地球上除被子植物之外最大的绿色植物群，代表着一类从水生向陆生生活过渡的植物类型。通常，苔藓的体形较小，习惯密集群生、垫状丛生或交织生长，占据湿润的土壤或石缝。由于苔藓的叶片多是单细胞层，空气污染物质可从叶片的两面直接侵入叶肉细胞，每个细胞所受的平均污染度大于其他高等植物，因此，苔藓是良好的大气污染的监测植物。

图片貌似葫芦藓。夏季阴湿的地方常见，是制作假山水盆景的好材料。

北京常见

雨后的蘑菇 | 王小丹

■ 7-9 年级组 ★★★★✦

自然笔记之...

蘑菇的生长顺序：

①

②

③ 小心不要食用蘑菇，小心有毒。

常见的野菇才能放心食用。

放大一些细节：

菌褶

长出根

④

⑤

颜色鲜艳一不要食用

? 地点：蘑菇一般在树下阴凉潮湿的地方。

菇类是菌类中个体最大、最高等的真菌，种类达 3 万多个，其中不乏含有剧毒的物种。研究发现，全世界毒蘑菇的种类已经超过 1 000 种，其中一半以上的毒蘑菇在我国有发现。在这些毒蘑菇中，有 400 余种含毒素比较少或处理之后可以食用，也有数十种强毒性毒蘑菇和十余种极毒性毒蘑菇，误食后将很快导致人死亡。还有一种特殊的毒蘑菇，具有强烈的致幻功能。中毒者有的极度愉快、狂歌乱舞，有的喜怒无常，有的如痴若呆、似梦似醒。

图中的蘑菇是毒蝇鹅膏菌。北京没有分布，此蘑菇具有毒性，不可食用。

名师
自然笔记

莲

作者◎孙英宝

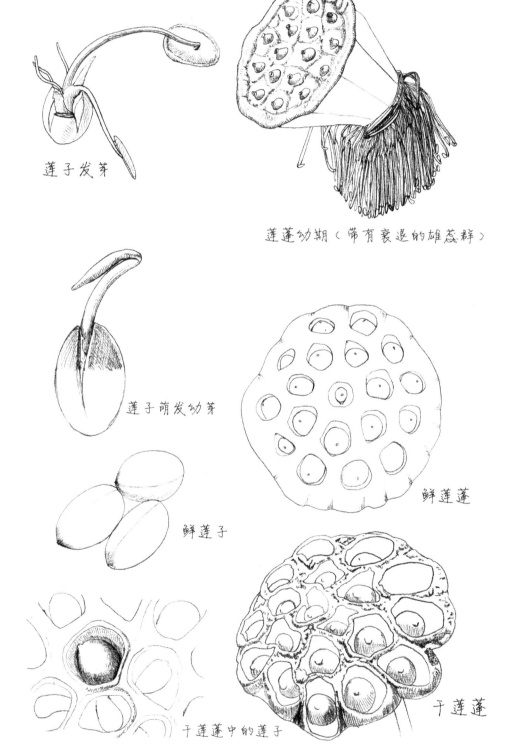

莲子发芽

莲蓬幼期（带有衰退的雄蕊群）

莲子萌发幼芽

鲜莲子

鲜莲蓬

干莲蓬中的莲子

干莲蓬

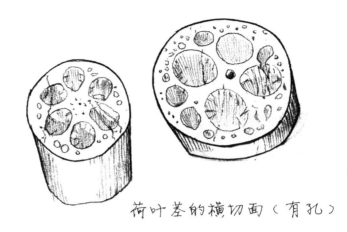

荷叶茎的横切面（有孔）

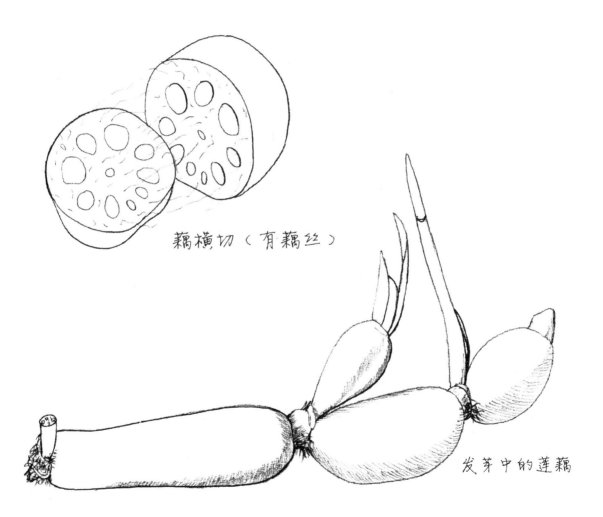

藕横切（有藕丝）

发芽中的莲藕

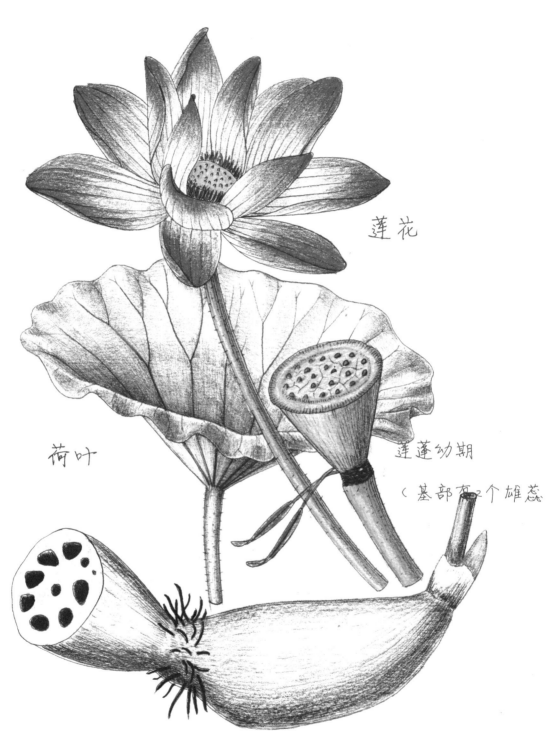

莲花

荷叶

莲蓬幼期

（基部有2个雄蕊

莲藕的横切面（展示储藏茎和须根根）

银杏科学绘画自然笔记

作者◎孙英宝

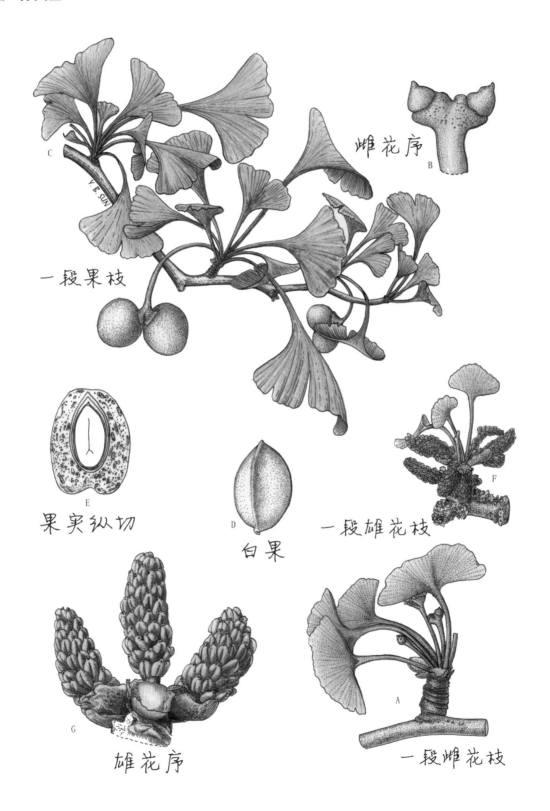

雌花序

一段果枝

果实纵切

白果

一段雄花枝

雄花序

一段雌花枝

大自然的力量

作者◎冬青

原本只注意到
"山竹"的强大威力，
但画着画着，生命复
育的力量越来越清晰
地进入我的眼里，这
力量是那么地悄无声息，
我也只在沉静候的时候
才真切地感受到它们。

2018.11.22.深圳湾.海滨态公园
午后.多云.不热.

冬青

有毒植物长籽马钱

作者◎ 冬青

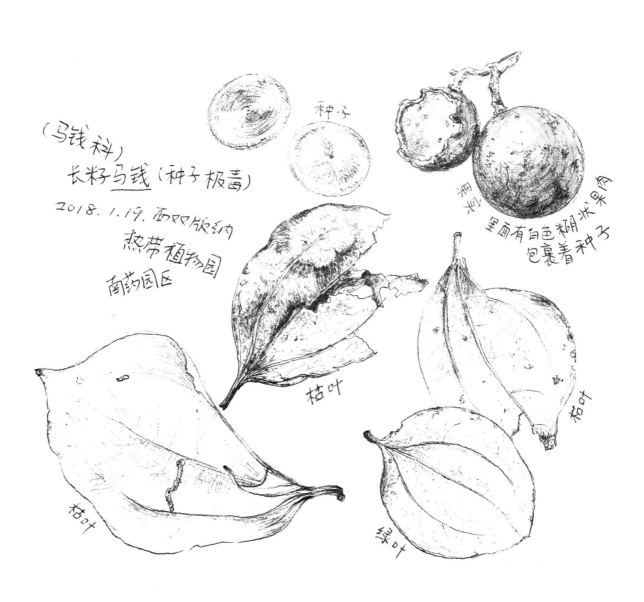

（马钱科）
长籽马钱（种子极毒）
2018. 1. 19. 西双版纳
热带植物园
南药园区

种子

果实

里面有白色糊状果肉
包裹着种子

枯叶

枯叶

枯叶

绿叶

八达岭森林公园丁香物候观测

作者◎ 何晨

名师自然笔记

2018.12.7 雪后初晴.山中散步.沉寂的冬日.感受到丁香冬芽的生命力.

顶端
花芽
对生

2019.3.22日 紫丁香花芽依旧紧实.
天晴.寒冷.

树皮灰褐色

2019.3.30日 一个星期后丁香花芽开始吐芽逐渐开放.

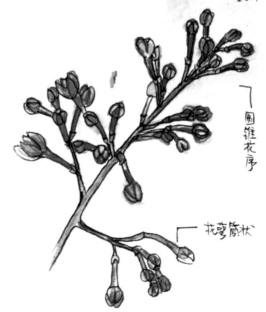

圆锥花序

天气越来越好了.阳光充足.
4.17.丁香陆续开放.最先从阳坡开始.

花萼筒状

枝干上还带着
去年的种壳
种子已随风散落
（风力传播种子）

种子有薄翅

叶卵形
至卵状披针形
尖端渐尖
叶脉叉状分枝

裸

花香袭人
花期5～6月，果期7～9月
（北京八达岭山区物候）

丁香耐寒，耐旱，耐瘠薄，适应性强
且北方山区景观香林中广泛运用。
经常做小灌混交林使用，
也是优秀的庭园观赏植物。

砍头悬铃木观察日记

作者◎**武其**　摄影◎**武其**

　　野猪老师家所在的小区里，有很多很多悬铃木，有些因为遮挡阳光被物业管理人员砍掉了树冠。正是这些"砍头"悬铃木吸引了很多昆虫来此繁殖，这其中不单有蛀食木质部的昆虫种类，更有寄生其他昆虫的狠角色。于是在砍头悬铃木上上演了一幕幕精彩的大戏，既有母性的光辉，也有尔虞我诈、弱肉强食的残酷竞争。

　　前几天拍的马尾姬（jī）蜂的求偶之战：雄性马尾姬蜂在仔细搜索即将钻出树干的雌性；漫长的等待之后，一只雌蜂即将出世！雄蜂发现了雌蜂释放的信息素，焦急地在附近徘徊，用触角探查雌蜂（图1）；另一只雄蜂闻讯而来，两位准新郎开始大打出手（图2）；在雄蜂争斗的同时，雌蜂以迅雷不及掩耳盗铃之势钻出树干，仅用几秒钟时间就把长长的产卵器从羽化孔中拖出来，然后抖了抖身上的木粉，飞走了（图3、图4）。

图1　　　　　　　图2　　　　　　　图3　　　　　　　图4

　　早上遛狗顺便去看砍头悬铃木，果然有大戏上演！雄性马尾姬蜂终于找到了正在钻出树干的雌蜂（图5），我观察了很久，雌蜂似乎被树皮卡住了，半天出不来，于是我轻轻移走了两边的树皮，果然雌蜂立刻就钻出来了（图6）！可以看到雌蜂已经钻出树干上的羽化孔，但超长的产卵器还没完全出来，雄蜂在附近焦急地徘徊；等到雌蜂完全爬出来，雄蜂立刻冲过去交配（图7），交配大概

图5　　　　　　　图6　　　　　　　图7　　　　　　　图8

持续了3分钟，然后雄蜂离开，另一只在附近的雄蜂马上过来试图交配，但这次雌蜂有明显的抗拒动作，这只雄蜂没有交配成功；然后雌蜂停在稍高的位置休息，清洁身体上的木粉，毕竟刚刚羽化，产卵还要等恢复下体力（图8），这个产卵器看着很夸张吧？别急，再往下看。

　　今天继续去观察马尾姬蜂的繁殖行为，只见到雄蜂在附近徘徊，未见雌蜂羽化，但观察到另一个有趣的现象，有另一种蜂在利用马尾姬蜂和黑顶扁角树蜂的羽化孔来繁殖后代。开始以为是隧蜂，请教了大神集虫儿大哥，原来是某切叶蜂，也就是在你家月季叶子上切出规矩的圆洞的罪魁祸首。切叶蜂也属于蜜蜂总科，但它和蜜蜂的区别是腹部有一圈短毛，用这些毛来携带花粉，而不是用腿上的花粉篮。切叶蜂切叶子也不是为了吃，而是用来筑巢，它的雌蜂是独居的，雌蜂占据一个羽化孔之后，在里面筑巢、产卵，然后采集花粉来喂养幼虫。虽然每次进树洞的时候小心翼翼，但腹部携带的花粉还是会有一些被洞口刷蹭下来，从而暴露了它的家。感慨一下，自然界没有任何资源会被浪费，而一棵濒死的砍头悬铃木，就是一个小小的生态系统……观察了切叶蜂好久，发现一个有趣的现象：因为马尾姬蜂的羽化孔直径很小，刚好能容下这种切叶蜂科成员的身体，在里面掉头是不可能的，于是切叶蜂在回巢的时候，都是头向里爬进去，过几秒到几十秒就倒退着爬出来飞走，但有些时候，它在退出洞口之后还要立刻倒退着再进一次洞，至于进去干什么就不知道了，猜测是卸下腹部携带的花粉，抑或是产卵？还有时候它们采集食物回来后并不着急离开，而是张开大颚、用头堵住洞口，不知是在休息还是在守卫自己的劳动果实和小宝宝；这样做是有必要的，因为我在这棵树上又看到一只漂亮的青蜂，在鬼鬼祟祟地搜索每个羽化孔，青蜂会伺机把卵产在其他蜂的蜂巢内，它的幼虫孵化之后就吃别人储存的食物甚至别人的孩子……这棵砍头树真是膜翅目的杀戮战场啊！

马尾姬蜂　　　　　　马尾姬蜂　　　　　　青蜂

壁蜂

砍头悬铃木　　　　　黑顶扁角树蜂　　　　无蹼壁虎

　　繁殖季接近尾声了，坚守在砍头悬铃木上的最后一只虚弱的雄性马尾姬蜂，被蜘蛛拖往阴暗的缝隙里……自然界没有一点资源会被浪费的，希望它已经完成了传宗接代的使命。

　　又去看砍头悬铃木，无意间发现了树上的无蹼壁虎，这下这个小生态系统的成员们基本聚齐啦！来梳理下：砍头悬铃木无疑是这个生态系统的支柱，也就是生产者，在它还有头的时候，它通过叶片内叶绿素的光合作用，把空气中的二氧化碳和根部吸收的水转化成营养物质储存起来；黑顶扁角树蜂在这个系统里充当了初级消费者，相当于食草动物，它们把卵产在悬铃木的树干内，孵化出来的幼虫就取食悬铃木的木质部；而马尾姬蜂的幼虫以树蜂幼虫为食，应该算是次级消费者；隐藏在树皮缝隙内的蜘蛛是个投机分子，伺机捕食所有路过的昆虫，在捕食马尾姬蜂的时候，它就成了三级消费者；无蹼壁虎无疑是这个小小生态系统内的顶级食肉动物，如果它把蜘蛛吃了，自己就是四级消费者；而切叶蜂科的壁蜂，并不从这个生态系统里面获取能量，它去别处采集花粉，只在这里利用树蜂和马尾姬蜂的羽化孔来繁殖后代；青蜂和其他几种寄生蜂则寄生在壁蜂的巢内，它们的幼虫以壁蜂囤积的食物和壁蜂的幼虫为食，算是几级消费者我也说不好了；最后，一个生态系统所必需的分解者无疑就是树干内和树下土壤内的各种细菌、真菌了。其实这个小小生态系统远没有这么简单，肯定还有很多成员没有发现，而且随着悬铃木逐步死亡、腐朽，还会有不同的昆虫和其他动物来觅食、繁殖。而这一切的一切，只是源于邻居因为遮挡阳光而叫物业管理人员来砍了悬铃木的头。神奇的大自然！

寻找北京的三大"绝壁奇花"

作者◎**彭博**　摄影◎**彭博**

　　北京，在大多数人的眼中，是中华人民共和国的首都，是政治、文化、经济中心，是国际化大都市，是六朝古都……然而，很少有人会知道，北京其实还是一个动植物资源极其丰富的城市。这是我们完全有资格骄傲和自豪的，这些众多的动植物资源与北京得天独厚的地理位置是分不开的：北京位于北纬 39 度，东经 116 度，处于华北大平原的西北端。东北和南部属于华北大平原，北部和西部则都是山区，山区约占全市面积的五分之三。北部为燕山山脉，西部为太行山脉。最高峰为北京的东灵山，海拔 2 303 米，与海拔最低的通州、平谷一带海拔落差将近 2 250 米，海拔巨大的落差造成了生物多样性的繁多。另外，北京正好处于渤海湾的西端，处在世界著名的八大鸟类迁徙路线之间，每年记录到的鸟类数量 400 多种，占全国鸟类数量的近三分之一。除此之外，北京河湖纵横，在永定河、潮白河、温榆河、拒马河的共同冲击下，形成了许多大大小小的扇形地和淤积平原，因此北京广阔的平原地区也被称为北京湾，不少流域形成了众多的天然湿地。因此，北京具有多种植物生境，各种类型的植物均有分布，如高山草甸植物、流石滩植物、林下植物、湿地植物、旱生植物、崖壁植物等。这些植物里，最具魅力、最有特色的一类植物就是北京著名的崖壁植物，北京"三大绝壁奇花"就是其中的典型代表。

　　每年早春三月，我们如果驱车前往北京的拒马河流域，就会找到三种在北京可以称得上是明星级的植物，就是"北京三大绝壁奇花"。这三种生长在崖壁上的植物各具特点，但共同的特点是均生长在直上直下的悬崖峭壁之上，而且花期相对其他植物来说都略早。

　　首先介绍的是槭（qì）叶铁线莲（*Clematis acerifolia*），别名崖花（崖：nie 二声，方言发音）。为毛茛科，铁线莲属多年生直立小灌木。高 30～60 厘米。根木质，粗壮。老枝外皮灰色，有环状裂痕。叶为单叶，与花簇生，形似槭树叶；叶片五角形，通常为不等的掌状 5 浅裂；叶柄长 2～5 厘米。花 2～4 朵簇生，花梗长达 10 厘米，花直径 3.5～5 厘米，白色或带粉红色。花期 4 月，果期 5 月至 6 月。主要生长于北京门头沟、房山等地的石灰岩山地的悬崖峭壁上，生境非常独特。

櫟叶铁线莲是北京地区一种很珍稀的野生植物，最早发现于北京，是 1897 年由俄国植物分类学家马克西莫维奇发表的物种，模式标本是 1879 年 7 月由作为俄国驻北京代表团的医生，并从事药学研究的布莱茨克尼德（E. Bretschneider）博士在北京百花山附近采集的。很长时间以来，櫟叶铁线莲都被认为是北京的特有植物，甚至在 1984 年出版的《北京植物志》中，还将它表述为"特产于北京"。近年来，河北省及河南省的一些地方陆续发现了它的踪迹，才将它从"北京植物特有种"的行列中排除。然而，由于櫟叶铁线莲的木本特性、独特的生境以及早春开花的特性，在北京野生植物中很特别、很罕见，而且数量

不多，因此被收录到《北京市一级保护野生植物名录》中。

櫟叶铁线莲对环境要求十分严格，它只生长于直上直下的悬崖峭壁上，且必须是石灰质岩石。如果有人想一睹它的风采，则必须要有足够的勇气与坚韧的毅力去翻山越岭，攀登绝壁。正是这样的挑战才为这种奇葩增添了更为神秘绚丽的色彩。除此之外，櫟叶铁线莲的花期也是它的魅力之一，

每年早春冰雪初融、春寒料峭之时，它们便早早在孤寂的绝壁上星星点点地盛开了，在人们欣赏它美丽的同时也更加感叹它的坚强。櫟叶铁线莲是典型的崖壁植物，花朵大而美丽，花期很早，是早春极为珍稀的观赏植物。因此，当地人亲切地称为"崖花"也就不足为奇啦，当地百姓还流传着这样一句谚语："崖花开，燕子来"，可见人们对它的喜爱。

　　介绍的第二种植物名叫独根草。独根草为虎耳草科独根草属植物，该属植物仅有 1 种，只分布于我国华北地区及其周边省份，为我国特有植物。独根草的花期与槭叶铁线莲花期相近，也是早春盛开，花期 4 月初，且为典型的先花后叶植物，在开花的季节不长叶，而在有叶子的时候花已经完全凋零。独根草的生境较槭叶铁线莲来说要求相对宽松了许多，它更加适应相对阴湿的环境，一般生长在较为阴湿的山谷或是悬崖的岩石缝中，生命力极其顽强。由于独根草在开花的时候只长出一株花葶，花后的叶子也只有 2 ～ 3 片，看起来孤孤单单地生长在绝壁上，因此"独根草"的名字可谓是"花如其名"。独根草还有一大特点是可以生长在凹进去的岩壁下，这让植物学家们大为不解，它们的种子是如何落入岩石下方的石峰中？又是以何种方式来汲取水分？至今仍是植物学家们讨论的话题。

　　独根草除了生境特殊以外，美艳的外表也是它能够入选北京"三大绝壁"奇花之一的主要原因。独根草在开花的时候绝对称得起"绝美"二字。鲜红的聚伞状圆锥花序长在岩壁之上，仔细观察，

原来独根草是没有花瓣的，呈现出鲜红色花瓣状的原来是独根草的花萼裂片。仔细想想，早春的岩壁之上，春寒料峭，冷风习习，娇柔的花瓣可能无法抵御如此恶劣的环境，因此独根草将萼片进化为鲜红的花瓣状，从而吸引早春的昆虫为其传粉，也算是极其智慧的物种啦！

最后一种绝壁奇花与上两种植物相比可能感觉低调了很多，但它的名字却带有典型的北京特色。这种植物就是产自北京拒马河流域的一类罂粟科紫堇（jǐn）属植物——"房山紫堇"。说到紫堇属植物，大家也许会想到很多可以作为药用植物应用的物种，比如：齿瓣延胡索、小药八旦子、地丁草，等等，这类植物大多含有生物碱，入药被称为延胡索，常被作为镇痛剂来应用于膏药等外用药中。又因为这类植物大多开花为蓝紫色或粉紫色，因此被称为紫堇属。当然，在这个大家庭里还有一些开黄花的如珠果黄堇、蛇果黄堇等。然而，房山紫堇却与众不同，独树一帜，房山紫堇的花初开时略带粉红色，盛开后便呈现出白色。这是他与其他紫堇属植物形态上最主要的区别。

房山紫堇在北京仅分布于北京房山区的拒马河一带及上方山附近，模式标本采自上方山，因此取名房山紫堇（*Corydalis fangshanensis*）。它的花期较槭叶铁线莲及独根草相比稍晚一些，植株低矮，可以耐受更为干旱的环境，尤其是在房山十渡及上方山地质公园内的喀斯特地貌的绝壁上，房山紫堇成为适应这里的严酷环境的重要植被。由于其分布范围较为狭小，生境比较特殊，因此被列为北京市二级重点保护植物。

北京"三大绝壁奇花"在生态学上具有十分重要的意义和科研价值。它们对研究北京的地质变化及原始植被都有着极其重要的生态价值。独特的生境造就了这些高度适应绝壁环境的奇特植物，岩壁植物也为壮观的喀斯特地貌增加了更多的自然魅力。希望这些神奇的植物与自然景观能够在首都永远和谐地生存繁衍，不因城市化的进程而遭受破坏。

兰角沟里的自然观察

——郁林幽谷，动植物的乐园

作者◎彭博　摄影◎彭博

　　兰角沟位于延庆区张山营镇松山自然保护区内，东邻松山景区，西邻西大庄科村，是那些喜欢去西大庄科登海坨山的纯"驴友"们和那些喜欢坐着旅游大巴去松山景区纯游玩的"游客"们所不屑前往的一条神秘山谷。它的位置属于海坨山南麓，沟口海拔大约900米，有两家农家院可以居住，东边农家乐的烤鱼远近闻名，而沟口西侧的农家院则环境优美，服务周到。兰角沟溯流而上分为三段，全长约为8公里。一段为人工旅游开发的柏油马路，仅有约2公里长，通到兰角沟里的一家农家乐（目前已经废弃）；另一段则为较宽的土路通到一处被称为直升机取水处的人工湖泊，再往上走土路越来越窄，道路左侧依山而行，松林密布，右侧则是潺潺的溪流，直到沟谷深处，道路一直可以通到一处已经废弃的小山村；再往上走便是山林小路，只能徒步，车辆无法前行。然而，自2012年春季开始，这里开始修建公路，将原来的土路拓宽，直至沟谷深处的小山村，也许不久的将来便可以驱车直接进入兰角沟的核心区。但到了那时物种是否还能像之前那样丰富就不得而知啦。

金环胡蜂

细叶白头翁

虎斑颈槽蛇

珍稀蝶类——明窗蛱蝶

北京二级保护动物——赤峰锦蛇

对于兰角沟的印象要追溯到十年前，那时兰角沟内的农家乐刚刚开业，我与几位喜欢动植物的朋友来到这里游玩。白天我们沿着沟谷向上走，不到10公里的路程我们却整整走了一天。每走几步就会发现一些新奇的动植物。岩壁上、沟谷里到处是星星点点的野花，花鼠和岩松鼠会时常出没，林中各种鸣禽在歌唱，而在空中时常还会有猛禽盘旋或是掠过。水塘里一些条鳅（qiū）、花鳅等原生鱼类以及螳蜋、水黾、龙虱等水生昆虫种类繁多，数量惊人，我们能做的只有拿起手中的相机来记录大自然里各种生命最美丽的瞬间。当然，半水生的蜻蜓、蜉蝣（fú yóu）、鱼蛉（líng）等昆虫在这里也很常见。蜉蝣的生命大多只有一至两天，被喻为朝生暮死的代表，但是它们在集中羽化的时节里，数量十分庞大。到了晚上，昆虫们真正的集会正式上演。我们在各种螽（zhōng）斯、蝗虫、蟋蟀等鸣虫的演奏声中挂起了诱布，架起了黑光灯，准备灯诱昆虫，夜幕刚刚降临，就有铺天盖地

长角蛾

川锯翅天蛾

兰角沟秋景

熊蜂

狼蛛

的蛾子被从密林中召唤而来，其中不乏北京较为少见的萝纹蛾、绿尾天蚕蛾、紫光盾天蛾、榆绿天蛾、红天蛾、樗（chū）蚕蛾等大型蛾类。同时，一些北京地区较为珍稀的昆虫，如汉优螳蛉、东方巨齿蛉、绿步甲等也陆续出现。那一夜，不断出现的昆虫和蛾类着实让大家兴奋不已，让我至今难忘。从此以后，我们每年都会数次前往兰角沟探访，每次来这条神奇的沟谷都不会让我们失望，不断发现的各类新物种带给了我们无限的惊喜和快乐。

当然，兰角沟拥有众多的昆虫资源是与这里植物的多样性分不开的。很多昆虫寄主植物十分单一，然而这里丰富的植物足以吸引如此众多的昆虫，这是单一配植的人工林所不能比拟的。在这里有成片的核桃楸（qiū）、山杨、椿树、桦木、白蜡树、朴树、柳树、榆树、栎树、槭树、椴树等落叶阔叶树种组成的杂木林；也有以油松、侧柏、栎树和椴树等组成的针阔混交林；还有油松、云杉、落叶松为主的针叶林。林下还分布着酸枣、荆条、山杏、小叶鼠李、大花溲疏、胡枝子、杭子梢、红花锦鸡儿、绣线菊等小乔木和落叶灌木。珍稀的兰科植

斑锦蛾

在清澈的溪水中游动的水黾

黑盾胡蜂巢

物绶（shòu）草、阴地堇菜、珠果黄堇、黄花楼（lóu）斗菜、马先蒿（hāo）、柳穿鱼、紫花列当、白头翁、乌头、各类菊花等植物在这里都有分布。复杂多变的地形和种类众多的植物为众多的昆虫，尤其是蝴蝶提供了生存的空间。丰富的蝴蝶种类有以堇菜、绣线菊、鼠李等植物为寄主的各类灰蝶，以榆树、荨麻、朴树、柳树等为寄主的各类蛱（jiá）蝶，以及以十字花科、蔷薇科等植物为寄主的粉蝶，还有十分美丽的以黄檗（bò）、马兜铃、伞形科、芸香科植物为寄主的各类凤蝶随处可见，点缀着这片美丽的山林。

众多的昆虫又为鸟类的繁殖季和迁徙季提供了必不可少的食物，每年的4～10月，这里便成了观鸟的圣地。早春当树木刚刚萌发之时，便有众多从南方返回北方繁殖的旅鸟及候鸟来到这里，使兰角沟变得热闹非凡。各类鸣禽如北红尾鸲、黄腹山雀、银喉长尾大山雀、白鹡鸰、灰鹡鸰、棕头鸦雀、红嘴蓝雀、各种柳莺陆续来到这里觅食嬉戏。紧随其后的猛禽也开始多了起来，各类鹰、隼（sǔn）、鵟（kuáng）、雕、鸢（yuān）、鸮（xiāo）等也时常可以看到。兰角沟口处的崖壁上有一处金雕巢穴，每年都会有一

北京二级野生保护动物——猪獾

对金雕夫妇养育雏鸟，成为北京地区一处著名的观鸟点。林缘会有各类攀禽如戴胜、大斑啄木鸟、灰头绿啄木鸟穿梭其中，水边时常会有野鸭、鸳鸯出没，兰角沟入口处不远还有一大片裸岩地带，总会有岩松鼠、褐家鼠等啮齿类动物出没，还有山地麻蜥、壁虎等各种蜥蜴，这为各种蛇类提供了丰富的食物。这里分布着蝮蛇、赤峰锦蛇、虎斑槽颈蛇、黄脊游蛇、白条锦蛇等蛇类。林中时常突然飞起或是发出刺耳的叫声的环颈雉，和偶尔出现的猪獾会让你的探索自然奥秘之旅变得野趣十足、惊喜不断。

如果您是一位喜爱大自然，喜欢动植物的朋友，相信您一定会喜欢上这里得天独厚的自然环境。也相信您一定能在这里找到您喜爱的物种，充分享受大自然带给您的惊喜和快乐。